“十四五”普通高等教育本科部委级规划教材

微生物学实验

吴向华　贲爱玲◎主编

中国纺织出版社有限公司

内 容 提 要

本书包括基础性实验、应用性实验和研究性实验三篇章，共有54个实验，涵盖培养基配制、消毒与灭菌、无菌操作技术、微生物分离与纯化、染色技术、显微镜观察、生长繁殖测定、生理生化鉴定、菌种保藏等多项微生物基本实验技能及食品发酵工艺、食品微生物检验、环境微生物学、生物技术、分子微生物学、食用菌等应用性实验。本书注重基础性和实用性，兼顾探究性，有利于提升读者分析问题和解决问题的能力。

本书可供高等学校生物科学专业、生物技术、生物工程、食品科学与工程、食品质量与安全等专业的本科生作为教材使用，还可供相关专业的研究人员、技术人员参考阅读。

图书在版编目（CIP）数据

微生物学实验 / 吴向华，贲爱玲主编. --北京 ：中国纺织出版社有限公司，2023.11
“十四五”普通高等教育本科部委级规划教材
ISBN 978-7-5229-1160-1

Ⅰ. ①微… Ⅱ. ①吴… ②贲… Ⅲ. ①微生物学—实验—高等学校—教材 Ⅳ. ①Q93-33

中国国家版本馆CIP数据核字（2023）第202123号

责任编辑：毕仕林 国帅 责任校对：王花妮 责任印制：王艳丽

中国纺织出版社有限公司出版发行
地址：北京市朝阳区百子湾东里A407号楼 邮政编码：100124
销售电话：010—67004422 传真：010—87155801
http://www.c-textilep.com
中国纺织出版社天猫旗舰店
官方微博 http://weibo.com/2119887771
三河市宏盛印务有限公司印刷 各地新华书店经销
2023年11月第1版第1次印刷
开本：787×1092 1/16 印张：13
字数：258千字 定价：68.00元

普通高等教育食品专业系列教材
编委会成员

《微生物学实验》教材编委会成员

主编：吴向华　南京晓庄学院

　　　　贲爱玲　南京晓庄学院

编委（按姓氏笔画排序）：

王伟舵　南京晓庄学院

纪俊宾　南京晓庄学院

李小莉　南京晓庄学院

陈玉胜　南京晓庄学院

明　松　江苏中农科食品工程股份有限公司

侯金玉　中国科学院南京土壤研究所

段淑蓉　南京晓庄学院

霍光明　南京晓庄学院

前　言

党的二十大报告对“加快建设高质量教育体系”作出新的部署，并首次在党代会报告中提出“加强教材建设和管理”，将教材建设作为深化教育领域综合改革的重要环节。本书为纺织服装类“十四五”部委级规划教材，贯彻党的二十大精神，在教育部教材局《党的二十大精神进课程教材工作方案》《高等学校课程思致建设指导纲要》和《江苏省教育厅关于深入推进全省高等学校课程思政建设的实施意见》等文件指导下编写。

《微生物学实验》分为基础性实验、应用性实验（食品发酵工艺、食品微生物检验、环境微生物学、生物技术、分子微生物、食用菌）、研究性实验三篇共 54 个实验。基础性实验 12 个，应用性实验 37 个，研究性实验 5 个，内容涉及微生物的形态和结构、营养和培养基、代谢和发酵、生长和控制、遗传变异和基因表达、生态和分类以及鉴定和应用等。教材编写结合课程思政要求和 OBE 理念，从微生物学实验课程教学内容、教学方法、引入典型案例，贯彻五育并举理念，把德智体美劳全面发展的要求贯穿于教材编写的理念、内容选材、体系编排、呈现方式等各环节。全书体系和内容符合科学规律，注重体现素质教育的创新能力与实践能力的培养，为学生素质、创新、实践的协调发展创造条件。由企业导师参与编写的食用菌专题将教育和产业紧密联系起来，将教学内容和实际工作紧密结合起来，使学生在学习过程中既能掌握理论知识，又能学以致用，提高学生的实践能力，满足企业的人才需求，响应了服务国家乡村振兴和大健康产业发展战略。

本书由南京晓庄学院吴向华和贲爱玲博士担任主编，参与编写的人员还有南京晓庄学院霍光明、陈玉胜、段淑蓉、王伟舵、纪俊宾、李小莉，中国科学院南京土壤研究所侯金玉、江苏中农科食品工程股份有限公司明松。基础性实验由纪俊宾、吴向华、陈玉胜编写；应用性实验的专题一食品发酵工艺由李小莉编写，专题二食品微生物检验由吴向华编写，专题三环境微生物学由段淑蓉编写，专题四生物技术由霍光明、吴向华、贲爱玲编写，专题五分子微生物由侯金玉编写，专题六食用菌由霍光明、明松编写；研究性实验由王伟舵、贲爱玲编写；附录由陈玉胜编写。吴向华负责全书初稿的调整、修改、增补和通稿。特别感谢中国纺织出版社有限公司国帅主任对本书出版所付出的关心、支持、帮助和艰辛劳动。

本书在编写过程中参考了大量书籍与文献，并获得了各编者单位及相关专家、同事、同行、学生和家人的大力支持，在此一并表示感谢。

由于编者水平有限，书中存在不少缺点和不足，敬请广大读者和同行专家提出宝贵意见，谢谢。

编者

2023 年 10 月 9 日

目　　录

微生物学实验总码

第一篇　基础性实验

实验 1　培养基的配制与灭菌 …… 2
实验 2　微生物的分离、纯化及无菌操作技术 …… 7
实验 3　光学显微镜的使用 …… 13
实验 4　细菌的涂片及简单染色法 …… 17
实验 5　细菌的革兰氏染色 …… 20
实验 6　细菌的芽孢染色 …… 23
实验 7　细菌的荚膜染色 …… 26
实验 8　放线菌、酵母菌、霉菌形态观察 …… 28
实验 9　微生物细胞大小的测定 …… 32
实验 10　微生物的显微镜直接计数 …… 34
实验 11　细菌的生理生化实验 …… 38
实验 12　微生物的菌种保藏技术 …… 41

第二篇　应用性实验

专题一　食品发酵工艺 …… 46

实验 13　乳酸菌的分离和泡菜制作 …… 46
实验 14　乳酸菌饮料的制作及乳酸菌活力的测定 …… 49
实验 15　酒曲中根霉菌的分离及甜酒酿的制作 …… 53
实验 16　黑曲霉的柠檬酸发酵 …… 56
实验 17　纳豆的制作 …… 59
实验 18　酱油种曲中米曲霉孢子数的计数及酱油酿制 …… 61

专题二　食品微生物检验 …… 65

实验 19　食品接触面的微生物检验 …… 65
实验 20　食品微生物检验样品的采集与处理 …… 68
实验 21　食品中菌落总数的测定 …… 70
实验 22　食品中大肠菌群的测定——MPN 法 …… 74
实验 23　食品中沙门氏菌的检验 …… 77
实验 24　食品中金黄色葡萄球菌的检验 …… 83
实验 25　食品中霉菌和酵母菌计数 …… 87
实验 26　食品商业无菌检验 …… 90
实验 27　鲜乳中抗生素残留检验——嗜热链球菌抑制法 …… 93

专题三　环境微生物学 …… 95
实验 28　沉降法检测空气中微生物数量 …… 95
实验 29　多管发酵法检测水中的大肠菌群 …… 98
实验 30　活性污泥中生物相观察 …… 102
实验 31　水中五日生化需氧量（BOD_5）的测定 …… 105
实验 32　用 Ames 法监测环境中的致癌物 …… 109
专题四　生物技术 …… 111
实验 33　细菌生长曲线的测定 …… 111
实验 34　环境理化因素对微生物生长的影响 …… 114
实验 35　紫外线对枯草杆菌的诱变效应 …… 117
实验 36　抗生素抗菌谱的测定 …… 120
实验 37　酵母细胞的固定化与酒精发酵 …… 123
实验 38　黄曲霉毒素的 ELISA 检测 …… 125
实验 39　小型机械搅拌通气发酵罐的结构和基本操作技术 …… 128
专题五　分子微生物 …… 133
实验 40　细菌总 DNA 的提取 …… 133
实验 41　利用 16S rRNA 基因序列进行细菌分类鉴定和系统发育树的构建 …… 137
实验 42　利用 ITs 序列进行真菌分类鉴定 …… 151
实验 43　微生物群落结构的分析 …… 154
实验 44　转基因食品的分子检测 …… 158
专题六　食用菌 …… 163
实验 45　食用菌菌种的分离和制种技术 …… 163
实验 46　食用菌母种的扩大培养 …… 166
实验 47　食用菌液体菌种的制备技术 …… 169
实验 48　平菇的代料栽培 …… 172
实验 49　黑皮鸡枞菌的人工栽培 …… 175

第三篇　研究性实验

实验 50　产淀粉酶菌株的筛选及其酶活力测定 …… 178
实验 51　纤维素分解菌的筛选及其酶活力测定 …… 181
实验 52　植物内生细菌的分离实验 …… 184
实验 53　葡萄灰霉病生防菌的筛选及其效价测定 …… 186
实验 54　高产蛋白酶菌株的筛选 …… 189
参考文献 …… 191
附录 …… 196

第一篇

基础性实验

实验1 培养基的配制与灭菌

一、实验目的

① 了解培养基的种类及培养基配制的原理。

② 掌握培养基配制的方法和操作步骤。

③ 了解消毒和灭菌的原理。

④ 掌握各种消毒和灭菌方法的操作步骤，学会使用高压蒸汽灭菌锅。

二、实验原理

培养基（culture medium）指由人工配制的，含有碳源、氮源、能源、无机盐、生长因子和水，适合微生物生长繁殖或产生代谢产物的营养基质，可用以培养、分离、鉴定、保存各种微生物或积累代谢产物。由于实验和研究目的不同，培养基种类很多。不同微生物对 pH 的要求也不一样，细菌和放线菌一般中性或偏碱，霉菌和酵母菌偏酸，所以配制培养基时，应将 pH 调到合适的范围。培养基根据物理状态不同，可分为固体、半固体和液体 3 种。它们的化学成分相似，固体培养基是在液体培养基基础上加入 1.5%~2.0%的琼脂，半固体培养基则是在液体培养基基础上加入 0.3%~0.5%的琼脂。此外，由于培养基配制过程中并非无菌，所以培养基配制分装后，要立刻进行灭菌，防止因微生物生长繁殖消耗养分而导致培养基酸碱度变化，进而影响目的微生物在培养基上的生长。

高压蒸汽灭菌是将待灭菌的物品放在一个密闭的锅内，通过加热产生蒸汽，使锅内压力不断上升，当压力达到 0.1 MPa 时，锅内温度为 121℃，可使微生物菌体的酶、蛋白质等凝固变性而达到灭菌的目的。高压蒸汽灭菌适用于一般培养基、玻璃器皿、溶液、金属用具、实验服和传染性标本等的灭菌。干热灭菌是利用高温使微生物细胞内的蛋白质凝固变性而达到灭菌的目的，适用于玻璃器皿的灭菌。过滤除菌是通过机械作用滤去液体或气体中的细菌、真菌孢子等的方法，适用于酶液、抗生素等不耐热溶液的灭菌。

三、实验材料与器具

1. 实验材料

马铃薯，蔗糖，牛肉膏，蛋白胨，可溶性淀粉，琼脂，NaCl，KNO_3，K_2HPO_4，$MgSO_4 \cdot 7H_2O$，$FeSO_4 \cdot 7H_2O$，NaOH，HCl 等。

2. 实验器具

试管，锥形瓶，漏斗，量筒，移液管，烧杯或搪瓷缸，纱布，棉花，玻璃棒，pH 试纸，铁架台，漏斗架，止水夹，电炉，天平，称量纸，药匙，线绳，标签纸，剪刀，高压灭菌锅，培养箱等。

四、实验方法

（一）常见培养基配方

1. 牛肉膏蛋白胨培养基（培养细菌用）

牛肉膏	0.3%
蛋白胨	1%
NaCl	0.5%
琼脂	2%
蒸馏水	1000 mL
pH	7.2~7.4

2. 淀粉培养基（高氏 I 号）（培养放线菌用）

可溶性淀粉	2%
K_2HPO_4	0.05%
$MgSO_4 \cdot 7H_2O$	0.05%
KNO_3	0.1%
NaCl	0.05%
$FeSO_4$	0.001%
琼脂	2%
蒸馏水	1000 mL
pH	7.2~7.4

3. 马铃薯培养基（PDA 培养基）（培养霉菌或酵母菌用）

土豆	20%
蔗糖（葡萄糖）	2%
琼脂	2%
蒸馏水	1000 mL
pH	自然

注：培养霉菌用蔗糖，培养酵母菌用葡萄糖。

（二）培养基的配制方法

1. 称量

按照培养基的配方，准确称取各成分于烧杯中。

2. 溶化

向上述烧杯中加入所需要的水量，搅拌，然后加热使其溶解。配制马铃薯培养基时，须先将土豆去皮，按配方加热煮沸 30 min，并过滤，然后加入其他各成分继续加热使其溶化，补足水分。如果配方中含有淀粉，则需先将淀粉及其他药品加热溶化并补足水分。

3. 调节 pH

用 pH 试纸或 pH 计测量，用 0.1 mol/L NaOH 或 10% HCl 调至合适的范围。

4. 过滤

用滤纸或双层纱布（中间夹一层脱脂棉花）趁热过滤，该步骤一般可省略。

5. 分装

根据不同的需要，将配制好的培养基分装入试管或三角瓶内，管（瓶）塞上棉塞或硅胶塞。液体分装高度以试管高度的 1/4 左右为宜；固体分装试管，每管为管高 1/5，灭菌后制成斜面（图 1-1）；分装三角瓶以不超过三角瓶 1/2 为宜；半固体分装试管一般以管高度 1/3 为宜。

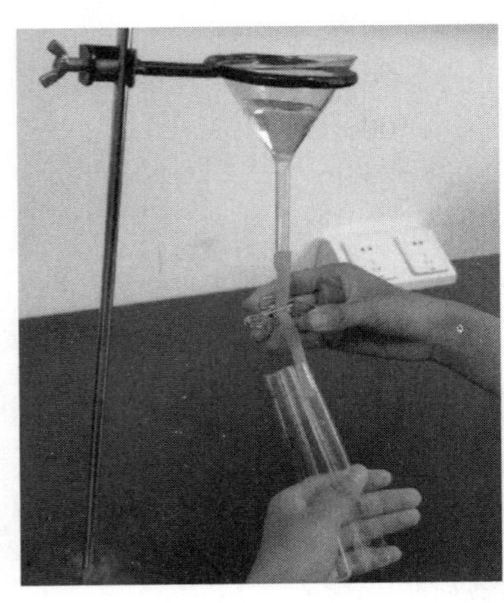

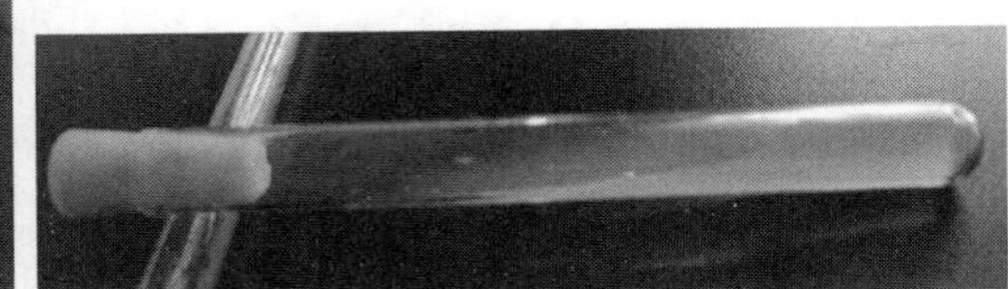

图 1-1　斜面的制作

6. 灭菌

将上述培养基于 121.0℃湿热灭菌 20 min；若配方含糖，则 115.0℃湿热灭菌 30 min。

培养基配制注意事项：

① 培养基称量时严防药品混杂，一把药匙用于一种药品，如需称取下一种药品，则需洗净、擦干后使用，试剂瓶的瓶盖也不要盖错。蛋白胨易吸湿，称量时动作要迅速。

② 加热溶化过程中，要不断搅拌，以免琼脂或其他固体物质粘在烧杯底上烧焦，以致烧杯破裂，加热过程中所蒸发的水分应补足。

③ pH 必须按各不同培养基的要求准确调节。

④ 所用器皿要洁净，勿用铜质和铁质器皿。

⑤ 分装培养基时，注意不得使培养基在瓶口或管壁上端沾染，以免浸湿棉塞或硅胶塞，引起杂菌污染。

⑥ 培养基的灭菌时间和温度，需按照各种培养基的规定进行，以保证杀菌效果和不损失培养基的必要成分，培养基灭菌后，必须放在 37℃温箱培育 24 h，无菌生长方可使用。

（三）灭菌

1. 高压蒸汽灭菌

全自动高压蒸汽灭菌器的使用，需在教师指导下按操作程序进行，以下是手提式高压蒸汽灭菌锅的使用方法。

① 加水。将内层锅取出，向外层锅内加入适量的纯净水，使水面超过加热器，与三

角搁架相平为宜；

② 装料。将内层锅放回，将待灭菌物品放入内层锅，摆放尽量疏松，以免妨碍蒸汽流通而影响灭菌效果。

③ 加盖。将盖上的排气软管插入内层锅的排气槽内，以两两对称方式同时均匀旋紧相对的两个螺栓，要旋紧压盖，切勿漏气。同时打开排气阀，以排除锅内冷空气和管道冷凝水。

④ 排气。打开电源加热排气，待水沸腾后水蒸气和空气一起从排气孔排出。当排出的气流很强并有“嘘”声时，表明锅内的空气已排净（冒白烟后约 5 min）。

⑤ 升压。当锅内空气排净时，关闭排气阀，压力上升。

⑥ 保压。此时，锅内是密封的，千万不可开锅。随着加热，锅内蒸汽不断增加，温度上升，当温度升至 121℃，压力达 1.05 kgf/cm^2，保持 20 min，即达到灭菌目的。

⑦ 降压。灭菌完毕，关闭电源开关，待压力自然降至“0”后，方能打开排气开关，注意不能打开过早，否则会造成重大实验室安全事故。放净蒸汽后，打开锅盖，取出灭菌的物品，倒掉剩水。

⑧ 无菌检查。将已灭菌的培养基于 37℃ 培养 24 h，无菌生长即可使用。

2. 干热灭菌法

常用于玻璃器皿的灭菌。但带有胶皮的物品、液体及固体培养基等都不能用干热灭菌法灭菌。进行干热灭菌时，先将要灭菌的器皿包好，放入烘箱内，温度调至 160～170℃，维持 1～2 h。灭菌后，当温度降至 30～40℃ 时，打开箱门，取出灭菌器皿。

3. 过滤除菌法

抗生素、血清、维生素等易受热分解，无法用高温灭菌，要采用过滤除菌法。当溶液通过滤膜时，溶液中的微生物由于不能通过而被阻挡在滤膜上，从而起到除菌的作用。

常用的滤膜由醋酸纤维和硝酸纤维素等制成，常见的孔径规格为 0.1 μm、0.22 μm、0.45 μm、0.8 μm 等，微生物实验中过滤细菌常用 0.22 μm 孔径。

图 1-2 所示为针头式过滤器。

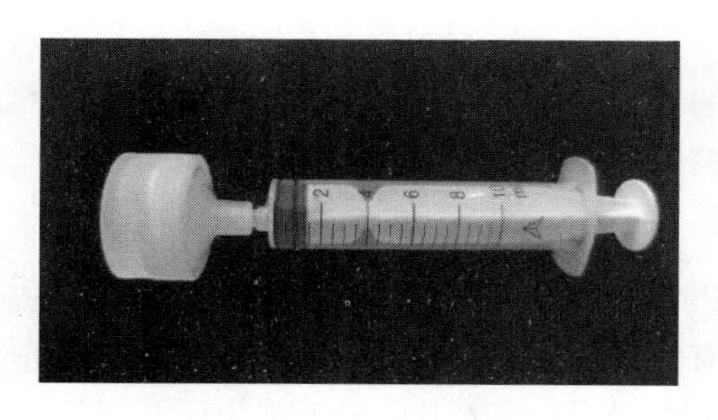

图 1-2　针头式过滤器

4. 紫外灭菌法

紫外线属于电磁波，波长范围为 100～400 nm，其中 200～300 nm 均具杀菌作用，且以 265～266 nm 的杀菌力最强。微生物细胞原生质中的核酸在 260 nm 处对紫外线有很强的吸收，蛋白质则在 280 nm 处。紫外线主要作用于 DNA，破坏分子结构，最典型就是形成胸腺嘧啶二聚体，造成局部DNA分子无法配对，从而引起微生物细胞的死亡。

紫外杀菌法操作简单、无残留、相对安全且性价比高，对消毒物品无甚损坏，是日常常用的灭菌方法之一。紫外杀菌主要用于空气、水和物体表面的消毒。一般以打开紫外线灯照射30 min，紫外线灯距照射物不超过1.2 m为宜。此外，为了加强紫外线灭菌效果，可在紫外灭菌前，喷洒3%~5%石炭酸溶液，使空气中附着有微生物的尘埃降落并杀死部分细菌。无菌室内的桌面、凳子可用2%~3%的来苏尔擦洗后，再打开紫外线灯照射。

注意事项：

① 使用高压蒸汽灭菌锅时，切勿忘记加水，并且水量不可过少，以防止灭菌锅干烧引起炸裂。在灭菌过程中，切勿离人，随时注意压力的变化。

② 使用高压蒸汽灭菌锅时，必须待锅内冷空气排尽后才能关上排气阀。灭菌完毕后，等到压力降到“0”后，才能打开排气阀，开盖取物。否则由于锅内压力骤然下降，引起爆炸或培养基由于容器的内外压力不均衡而喷出试管，造成污染甚至烫伤操作者。

③ 干热灭菌时，物品不要摆得太拥挤，以免阻碍空气流通影响灭菌效果。灭菌物品不要接触电烘箱的铁板，以防包装纸烤焦起火。

④ 过滤除菌时，应注意过滤装置连接处是否漏气，以防污染。过滤时用力要适当，不要太猛，以免细菌被挤压通过滤膜。

⑤ 紫外线对人体有一定损伤，长时间照射会引起结膜炎、红斑及皮肤烧灼等现象，实验时要注意个人防护。

五、实验结果分析

若灭菌的培养基在培养箱中培养24~48 h后长菌，说明灭菌不彻底，需重新灭菌。灭菌失败的原因可能是锅内压力（或温度）未达到要求值，锅内待灭菌物品过多，灭菌时间不够，锅内空气未排尽。

过滤除菌后的溶液应为清澈透明的溶液。

六、实验报告

① 记录本实验配制的培养基的名称、配方、方法和数量，并指明要点。

② 试述高压蒸汽灭菌的操作过程及注意事项。

七、思考题

① 什么叫培养基？有何作用？配制微生物的培养基应该具备哪些条件？

② 培养不同微生物能否用同种培养基？培养基为何要调节pH？

③ 培养基为什么要灭菌后再用？

④ 如何检查培养基是否无菌？

实验2　微生物的分离、纯化及无菌操作技术

一、实验目的

① 掌握常用的微生物分离纯化技术。

② 根据菌落形态，识别细菌、放线菌、酵母菌和丝状真菌。

③ 掌握无菌操作技术。

④ 根据不同微生物生长特性，选择合适的培养条件和方法。

二、实验原理

无菌操作技术是指在微生物分离、纯化、接种、培养等实验操作过程中，防止被其他微生物污染的一种操作技术，是保障微生物实验准确和顺利的重要操作。

通过无菌操作技术从混杂的微生物群体中获得只含有某一种或某一株微生物的过程称为微生物的分离与纯化。实验中可通过倾注平板法、平板涂布法、平板划线法、选择培养分离法在菌落水平上分离获得微生物的纯培养物。

三、实验材料与器具

1. 实验材料

土壤样本，食品样本，水样等。

2. 培养基

牛肉膏蛋白胨培养基，高氏Ⅰ号培养基，马铃薯培养基等。

3. 实验器具

超净工作台，恒温培养箱，天平，移液器，盛有9 mL无菌水的试管，盛有90 mL无菌水并带有玻璃珠的三角瓶，无菌涂布棒，无菌吸头，接种环，酒精灯，试管架，记号笔等。

四、实验方法

（一）微生物的分离

1. 采样

采样时必须注意样品的代表性和均匀性。要认真填写采样记录，写明样品的采用条件、采样日期、批号、包装情况、采样人等信息。样品采集后，应置于无菌采样容器中，4℃保存备用。土壤样本取表层以下5~10 cm处松散土壤。食品采样数量应能反映该食品的卫生质量和满足检验项目对试样量的需要，一式三份，供检验、复验、备查或仲裁，一般散装样品每份不少于0.5 kg。

2. 样品稀释液的制备

通过无菌操作称取样品 10 g，加入装有 90 mL 无菌水的锥形瓶中，振荡 10 min 左右，使样品与水充分混合，制成 10^{-1}样品稀释液。用无菌移液管吸取 1 mL 10^{-2}稀释液于 9 mL 无菌水的试管内，混匀，制成 10^{-3}的稀释液，以相同方法制备 10^{-4}、10^{-5}、10^{-6}稀释液，具体见图 2-1。

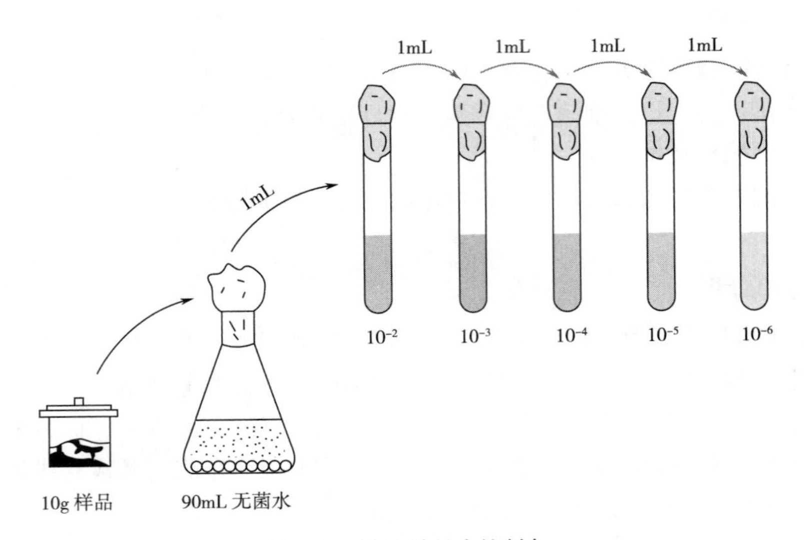

图 2-1　样品稀释液的制备

3. 平板的制作

将灭菌过的牛肉膏蛋白胨琼脂培养基、高氏 I 号培养基和马铃薯培养基分别融化倒平板。在超净工作台中，将无菌培养皿放在酒精灯旁，右手拿已冷却至 50℃左右培养基的锥形瓶，左手拔出瓶塞，使瓶口迅速通过火焰；将培养皿打开稍大于瓶口的缝，向培养皿中倒入 20 mL 培养基，盖上皿盖，轻轻摇匀。等平板冷却凝固后，将平板倒置。

分离放线菌的高氏 I 号培养基，倾倒平板前，可在无菌培养皿中加入两滴 0. 5%的重铬酸钾溶液或 50 U/mL 的制霉素溶液。分离丝状真菌的马铃薯培养基，倾倒平板前，可每 100 mL 培养基中加入灭菌的乳酸 100 mL，或在无菌培养皿中加入两滴 5000 U/mL 的链霉素溶液。

4. 涂布法分离微生物

用无菌吸管吸取 0. 1 mL 相应浓度稀释液于固体平板上，用无菌玻璃涂布棒在培养基表面轻轻涂布均匀。细菌选用 10^{-5}、10^{-6}两个稀释度接种于牛肉膏蛋白胨琼脂培养基，放线菌 10^{-3}、10^{-4}选用两个稀释度接种于高氏 I 号培养基、丝状真菌选用 10^{-2}、10^{-3}两个稀释度接种于马铃薯培养基，每个稀释度两个平板，每种培养基设置一个空白对照。

5. 培养

将涂布好的平板倒置，牛肉膏蛋白胨琼脂培养基平板置于 37℃恒温培养箱中培养 1～2 d，将高氏 I 号琼脂培养基平板和马铃薯琼脂培养基平板置于 28℃恒温培养箱中培养 3～5 d。

（二）微生物的划线分离纯化

平板划线法是用接种环以无菌方式挑取少许待分离物，在无菌固体培养基平板表面划线，微生物随划线而分散，如果划线次数适宜，经培养后，可在平板表面得到单菌落（图 2-2）。

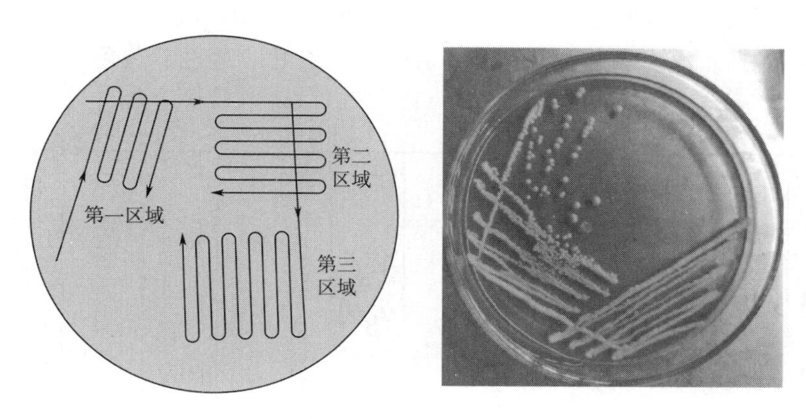

图 2-2　平板划线法

具体操作是在超净工作台内，左手拿起灭菌培养皿，将培养皿盖打开一条缝隙，右手将沾有菌液的接种环迅速伸入培养皿内。从培养皿边缘开始“之”字划线（基准线也称第一区域），大约划过培养皿的 1/5 到 1/4 左右的面积。盖上培养盖，将培养皿调转大约 90°（分四区）或 120°（分三区），再次灼烧接种环，将接种环靠在培养皿盖内侧冷却后从第一区域末端开始往第二区域内划线，重复以上动作，完成第三区域（甚至第四区域）划线操作。一般三区划线就能分离出单菌落，理想的三区分区划线平板经培养后，第一区域和第二区域前部的细菌生长呈“直线”，第二区域后部的细菌生长呈“虚线”。第三区域呈“虚线”和离散的“小点”（即单菌落）。

（三）斜面接种

用接种环（针）挑取单个菌落或培养物，从培养基斜面底部向上划一条直线，然后从底部沿直线向上曲折连续划线，直至斜面近顶端处停止。微生物生理生化鉴定中，培养基斜面穿刺接种，一般用接种针挑取待鉴定细菌的菌落，从斜面中央垂直刺入底部，抽出后在斜面上由下至上曲折划线接种。

具体操作是在超净工作台中，将菌种试管和待接种的斜面试管用左手的大拇指和食指、中指、无名指握住，并将中指夹在两试管间，使斜面向上呈水平状态。在酒精灯范围内，用右手松动试管塞，便于接种时拔出试管塞。右手持接种环通过火焰灼烧灭菌，以右手手掌边缘和小指、小指和无名指分别夹持试管塞，将其迅速拔出，并灼烧试管口。将灭菌的接种环伸入菌种试管内，先将环接触试管内壁或未长菌的培养基、冷却，然后再挑取少许菌苔，快速进入待接种的斜面管，用环在斜面上自试管底部向上端轻轻地划“之”字线，勿将培养基划破。接种结束，接种环退出斜面管，用火焰灼烧试管口，并在火焰边将试管塞塞上。

（四）菌落形态观察

菌落形态观察是指对菌株在适宜培养条件下形成的菌落特征进行观察和科学描述。微生物在一定条件下培养形成的菌落特征，如表面、大小、颜色、边缘、质地、形状、渗出液、可溶性色素等，具有一定的稳定性，是衡量菌种纯度和鉴定菌种类别的重要依据(图 2-3)。菌落形态常用的描述词汇如下。

① 大小：菌落覆盖的范围，一般描述菌落的直径即可，单位用 mm。

② 形态：指菌落的外观形状，如圆形、卵圆形、不规则形等。

③ 颜色：包括正反面颜色，如白色、乳白色、红色、蓝色、黄色、绿色、黑色、无色等。

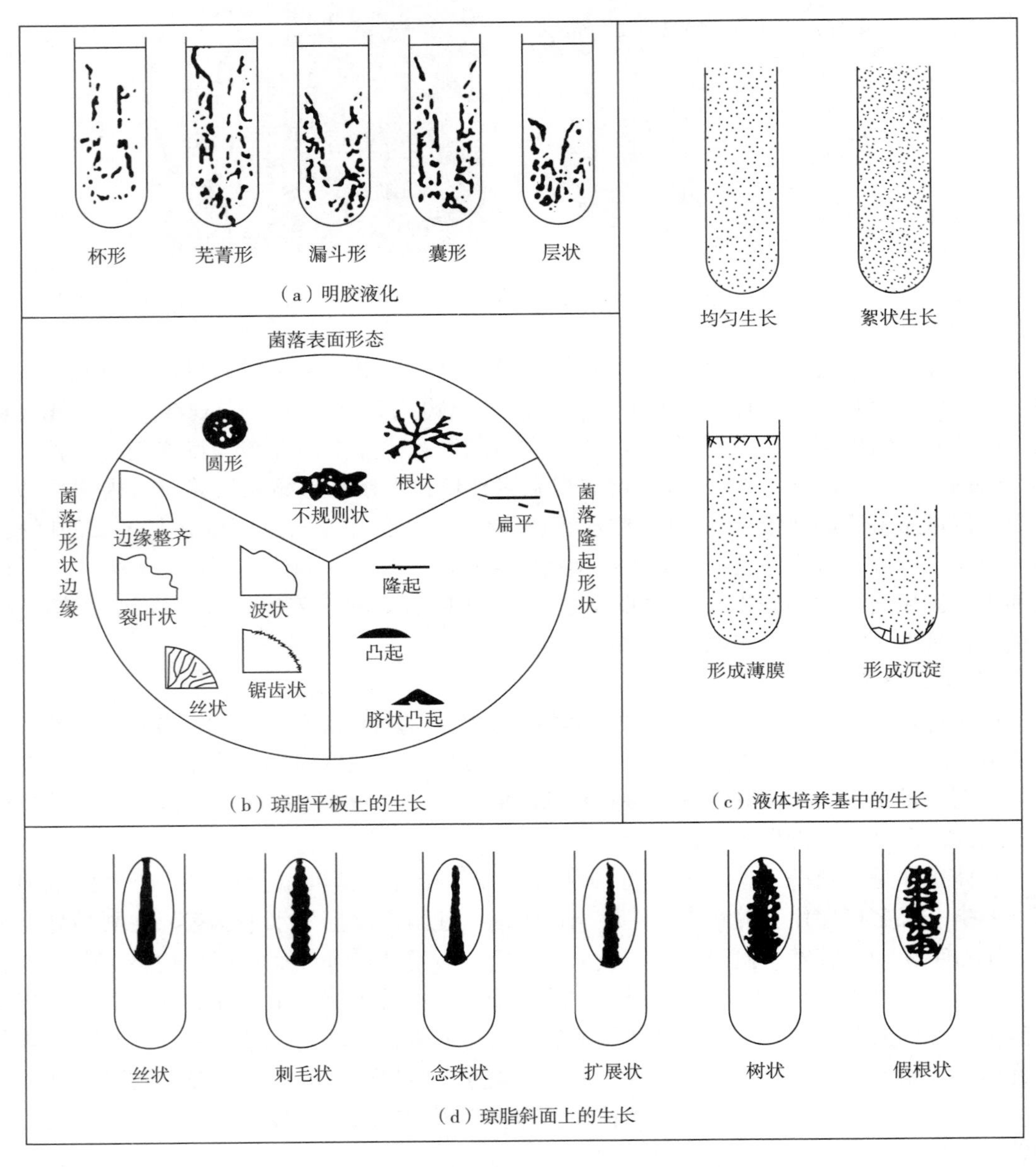

图 2-3 微生物在固体培养基上的生长形态

[图片来源：杨革《微生物学实验教程》(第三版)]

④ 光泽度：指表面有无光泽，可直接描述为菌落表面有光泽、无光泽、表面光滑、粗糙等。一般有荚膜的菌落表面有光泽，无荚膜的菌落表面无光泽。

⑤ 透明度：描述菌落透光的性质，如透明、半透明、不透明。

⑥ 质地：指菌落的黏性、脆性等，如蜡状、干燥、易挑起、黏稠感等。

⑦ 隆起状态：指菌落切面的形态，如隆起、凸起、扁平等。

⑧ 边缘特征：指菌落周边的形状，如波状、完整、粉粒状、啮齿状等。

注意事项：

① 微生物分离纯化和接种实验中，须时刻牢记无菌概念，防止杂菌污染。所有操作均须在酒精灯火焰附近进行，培养皿盖、试管塞、瓶塞均应拿在手上打开，禁止将盖或塞事先取下放置在桌面上。

② 应根据样品的实际情况做好预处理，选择合适的稀释度。稀释度过低，微生物成片生长，无法形成单菌落；稀释度过高，可能无菌落生长。

③ 取样时，每个稀释度都要更换无菌吸管，防止交叉污染。

④ 倾倒平板时，培养基冷却至50℃左右。琼脂温度过高，会形成太多的冷凝水，影响微生物的分离和纯化。此外，进行涂布和划线分离时，需等培养基彻底凝固，否则培养基过嫩，会划破。

⑤ 取菌种前灼烧接种针（环）时要将镍铬丝烧红，烧红的接种针（环）稍事冷却再取菌种，以免烧死菌种。取菌时注意菌落不要取得太多，应蘸取而不宜刮取，否则平板划线很难分离出单个菌落。

⑥ 平板划线时，仅第一区域需要从菌种管取菌，划二、三、四区域时不要再从菌种管取菌。平板划线时注意掌握好划线的力度和角度，用力不能过重，接种环和培养基表面呈30°~40°角，划线要密而不重复，充分利用培养基，并注意不能划破平板。

⑦ 琼脂平板放入培养箱培养时，培养皿倒置培养，防止冷凝水滴到琼脂平板表面，影响单菌落的形成。

五、实验结果分析

实验结果分析见表2-1。

表2-1　细菌、放线菌、酵母菌和丝状真菌细胞形态和菌落特征的比较

<table>
<tr><th colspan="3" rowspan="2">菌落特征</th><th colspan="2">单细胞微生物</th><th colspan="2">丝状微生物</th></tr>
<tr><th>细菌</th><th>酵母菌</th><th>放线菌</th><th>丝状真菌（霉菌）</th></tr>
<tr><td rowspan="4">主要特征</td><td rowspan="2">菌落</td><td>含水状态</td><td>很湿或较湿</td><td>较湿</td><td>干燥或较干燥</td><td>干燥</td></tr>
<tr><td>外观形态</td><td>小而突起或大而平坦</td><td>大而突起</td><td>小而致密</td><td>大而疏松或大而致密</td></tr>
<tr><td rowspan="2">细胞</td><td>相互关系</td><td>单个分散或有一定排列方式</td><td>单个分散或假丝状</td><td>丝状交织</td><td>丝状交织</td></tr>
<tr><td>形态特征</td><td>小而均匀，个别有芽孢</td><td>大而分化</td><td>细而均匀</td><td>粗而分化</td></tr>
</table>

续表

<table>
<tr><td colspan="2" rowspan="2">菌落特征</td><td colspan="2">单细胞微生物</td><td colspan="2">丝状微生物</td></tr>
<tr><td>细菌</td><td>酵母菌</td><td>放线菌</td><td>丝状真菌（霉菌）</td></tr>
<tr><td rowspan="7">参考特征</td><td>菌落透明度</td><td>透明或稍透明</td><td>稍透明</td><td>不透明</td><td>不透明</td></tr>
<tr><td>菌落与培养基结合程度</td><td>不结合</td><td>不结合</td><td>牢固结合</td><td>较牢固结合</td></tr>
<tr><td>菌落颜色</td><td>多样</td><td>单调，一般呈乳脂或矿烛色，少数红色或黑色</td><td>十分多样</td><td>十分多样</td></tr>
<tr><td>菌落正反面颜色的差别</td><td>相同</td><td>相同</td><td>一般不同</td><td>一般不同</td></tr>
<tr><td>菌落边缘</td><td>一般看不到细胞</td><td>可见球状，卵圆状或假丝状细胞</td><td>有时可见细丝状细胞</td><td>可见粗丝状细胞</td></tr>
<tr><td>细胞生长速度</td><td>一般很快</td><td>较快</td><td>慢</td><td>一般较快</td></tr>
<tr><td>气味</td><td>一般有臭味</td><td>多带酒香味</td><td>常有泥腥味</td><td>往往有霉味</td></tr>
</table>

六、实验报告

① 记录实验样品稀释分离结果，并计算出每克/毫升样品中的细菌、放线菌、酵母菌和丝状真菌的数量。

② 记录划线分离、斜面接种的结果。

③ 观察、辨别并记录分离培养的菌落形态。

七、思考题

① 在恒温箱中进行微生物培养，平板为什么要倒置？

② 进行微生物分离时，细菌、放线菌、酵母和丝状真菌选择的稀释度为什么不同？

③ 在分离放线菌和丝状真菌时，为什么要在培养基中加入乳酸？为什么要在灭菌平板中加入链霉素溶液或制霉素溶液（或重铬酸钾溶液）？

④ 写出细菌、放线菌、酵母菌和丝状真菌的培养条件。

实验3　光学显微镜的使用

显微镜油镜的使用

一、实验目的

① 了解普通光学显微镜的构造和基本原理。

② 掌握显微镜的使用方法。

二、实验原理

普通光学显微镜由机械装置和光学系统两个部分组成（图3-1），总放大率是指物镜放大率和目镜放大率的乘积。

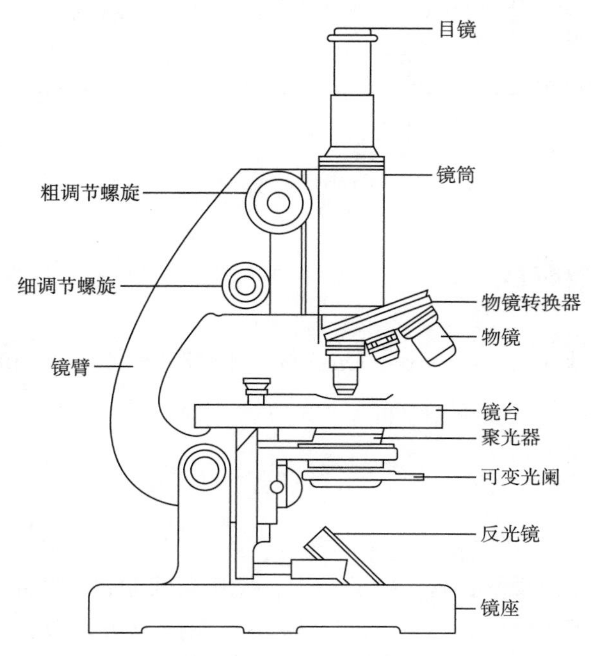

图3-1　光学显微镜的构造

［图片来源：周德庆《微生物学实验教程》（第二版）］

机械装置包括镜座、镜臂、镜筒、物镜转换器、镜台和调焦装置。其中，镜座和镜臂构成显微镜的基本骨架，起到稳固和支撑显微镜的作用；镜筒是一个长度为160 mm的圆筒，连接上端的目镜和下端的物镜转换器；物镜转换器是一个用来安装物镜的圆盘，一般可安装3~4个物镜；镜台是用于放置玻片的平台，可使玻片随其一起前后左右移动；调焦装置包括镜筒后方的粗调节螺旋和细调节螺旋，用于调节玻片标本与物镜间的距离，使物像更为清晰。

光学系统包括目镜、物镜、聚光器和反光镜。其中，目镜的功能是将物镜放大的物像再次放大，其由接目透镜和聚透镜两片透镜组成，两片透镜之间有一决定视野大小的光阑（又称视野光阑），光阑上可放置测量微生物大小的目镜测微尺；物镜是显微镜中最重要的光学系统部件，一般分为低倍镜（10×以下）、高倍镜（40×～65×）和油镜（90×以上），物镜上标有放大倍数、数值孔径、工作距离、要求盖玻片的厚度等主要参数（图3-2）；聚光器的作用是汇聚光线，通过上下移动，在其下方安装有可变光阑（光圈），可用于调节光强度和数值孔径的大小；反光镜是在聚光器下方的镜座上，包含平和凹两个面，可旋转反光镜来调节采集光线的强弱，光源较强时多采用平面镜，光源较弱时则采用凹面镜。

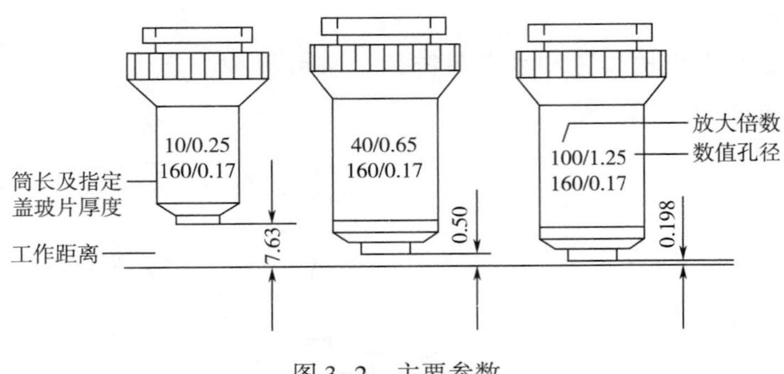

图3-2　主要参数

三、实验材料与器具

1. 实验材料

乳酸菌，酿酒酵母（*Saccharomyces cerevisiae*）的玻片标本，香柏油，二甲苯等。

2. 实验器具

显微镜，擦镜纸等。

四、实验方法

观察前准备：将显微镜平稳置于实验台上，镜座与实验台边的距离约为4 cm，身体坐正；将低倍物镜转到工作位置，打开光圈，转动反光镜采集光源，光线较强时采用平面镜，光线较弱时采用凹面镜，对光至视野内均匀明亮为止。

（一）低倍镜观察

首先上升镜筒，将待观察玻片置于载物台上，用标本夹夹住，调节玻片位置至物镜正下方，降下低倍物镜至下端接近于玻片；缓慢转动粗调节螺旋，使物镜逐渐上升至发现模糊物像时，改用细调节螺旋直至视野中物像清晰为止；小心调节移动玻片，观察并绘制视野中微生物的形态。

（二）高倍镜观察

将低倍镜下合适的物像移至视野中央，转换高倍镜，当听到“咔嚓”一声表明物镜已更换完成；调节光圈，使视野中光线的强弱适宜；转动细调节螺旋至物镜清晰为止；观察并绘制视野中微生物的形态构造。

（三）油镜观察

上升镜筒约 2 cm，转动油镜至正下方，将细菌玻片置于镜台上；在需观察的玻片位置滴加 1~2 滴香柏油，小心缓慢下降镜筒，从侧面观察，使油镜浸入香柏油中，镜头降至非常接近玻片处，但不能压到玻片，以免损坏镜头；调节光圈至视野中光线的强弱适宜，旋转粗调节螺旋，缓缓上升镜筒，当视野中出现物像时，换用细调节螺旋至物镜清晰为止；观察并绘图。如按上述操作未能找到物像，则可能是油镜下降不到位，或油镜上升太快错过物像。遇此情况，应重新操作。

显微镜用完后处理：上升镜筒，取出装片，用擦镜纸清理镜头上的香柏油，再用沾有少量二甲苯的擦镜纸擦去镜头上残留的香柏油，最后用干净的擦镜纸除去残留的二甲苯；清洁目镜、其他物镜及机械部分的灰尘；将各部分还原，物镜转成“八”字式降下，降下聚光器，反光镜镜面转成垂直状；套上镜罩，放置阴凉干燥处存放。

注意事项：

① 搬动显微镜时应规范操作，一手握住镜臂，另一手托住镜座，使镜身保持直立，并紧靠身体，切忌单手拎提。

② 使用油镜时，下降镜头一定要从侧面注视观察，切忌用眼睛对着目镜边观察边下降镜筒，以免压碎玻片而损坏镜头。

③ 显微镜使用完毕后，对金属框架部分要用软布擦拭，镜头须用擦镜纸，切勿用手或普通布等，以免损坏镜头。

④ 用二甲苯擦油镜镜头时，注意用量不能过多，以防溶解固定透镜的树脂，轻轻擦拭镜头，以防划伤油镜。

五、实验结果分析

实验结果分析见图 3-3。放大 400 倍后，可在高倍镜下观察到玻片标本中的酿酒酵母细胞（左）；当换用油镜后，可观察到放大 1000 倍的乳酸菌细胞（右）。

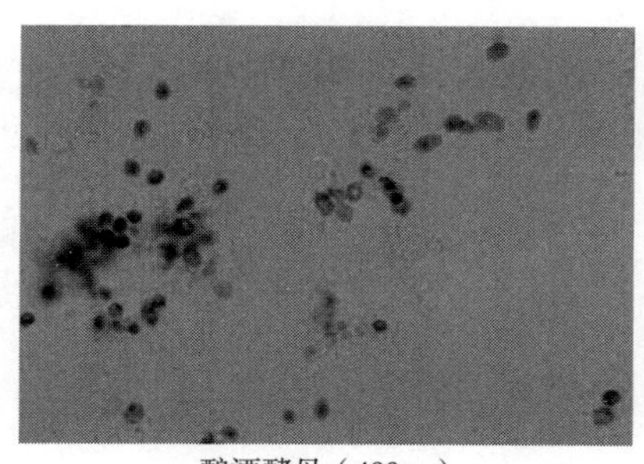

酿酒酵母（400×）

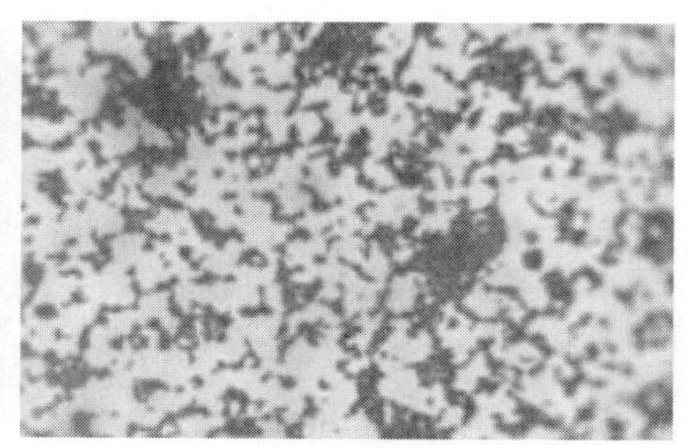

乳酸菌（1000×）

图 3-3　酿酒酵母和乳酵菌的形态

六、实验报告

① 绘出你所观察到的酵母菌细胞。

② 绘出油镜下观察到的乳酸菌细胞形态。

七、思考题

① 当物镜由低倍镜转到高倍镜或油镜时，视野中光线的强度是增强还是减弱？应怎样调节？

② 使用油镜时，应特别注意哪些问题？

③ 除调节光源，还有哪些措施可使视野变亮？

实验4　细菌的涂片及简单染色法

一、实验目的

① 了解细菌染色的原理。

② 掌握细菌的涂片和简单染色方法。

二、实验原理

由于细菌的细胞通常微小且透明，在普通光学显微镜下难以识别，因而需要对其进行染色，使菌体与背景形成明显的色差，达到较为清楚地观察到菌体形态和构造的目的。细菌蛋白质的等电点通常较低，在培养基中时常带负电荷，因而可采用带正电荷碱性染料使其着色，常用的碱性染料有结晶紫、碱性复红、孔雀绿、美蓝等。有些细菌可分解糖类产酸使培养基 pH 下降，导致细菌带有正电荷，则可用带负电荷的酸性染料（刚果红、伊红、酸性复红等）使菌体着色。

细菌的简单染色法，即用一种染料使细菌着色。该方法操作简便，一般可染色显示细菌的形态，但不能辨别细菌的构造。在染色前需固定细菌，使细菌菌体黏附于载玻片上，并增加其对染料的亲和力。

三、实验材料与器具

1. 实验材料

枯草杆菌（*Bacillus subtilis*），草酸铵结晶紫染色液，石炭酸复红染色液，香柏油，二甲苯，吸水纸等。

2. 实验器具

显微镜，擦镜纸，接种环，载玻片，小滴管，酒精灯，染色缸等。

四、实验方法（图4-1）

1. 涂片

在洁净载玻片中央滴一小滴蒸馏水，再用接种环以无菌操作方法挑取少量菌体与水滴充分混匀，涂成薄的菌膜。

2. 固定

涂片于空气中自然干燥，或置于火焰上部稍微加热以加速干燥。手执载玻片的一端，有菌膜的涂面向上，在酒精灯的火焰上通过 3 次，用手指触摸涂片反面，以热而不烫为宜。

3. 染色

待涂片冷却后，滴加草酸铵结晶紫染液或石炭酸复红染色液至涂片上，以刚好覆盖菌

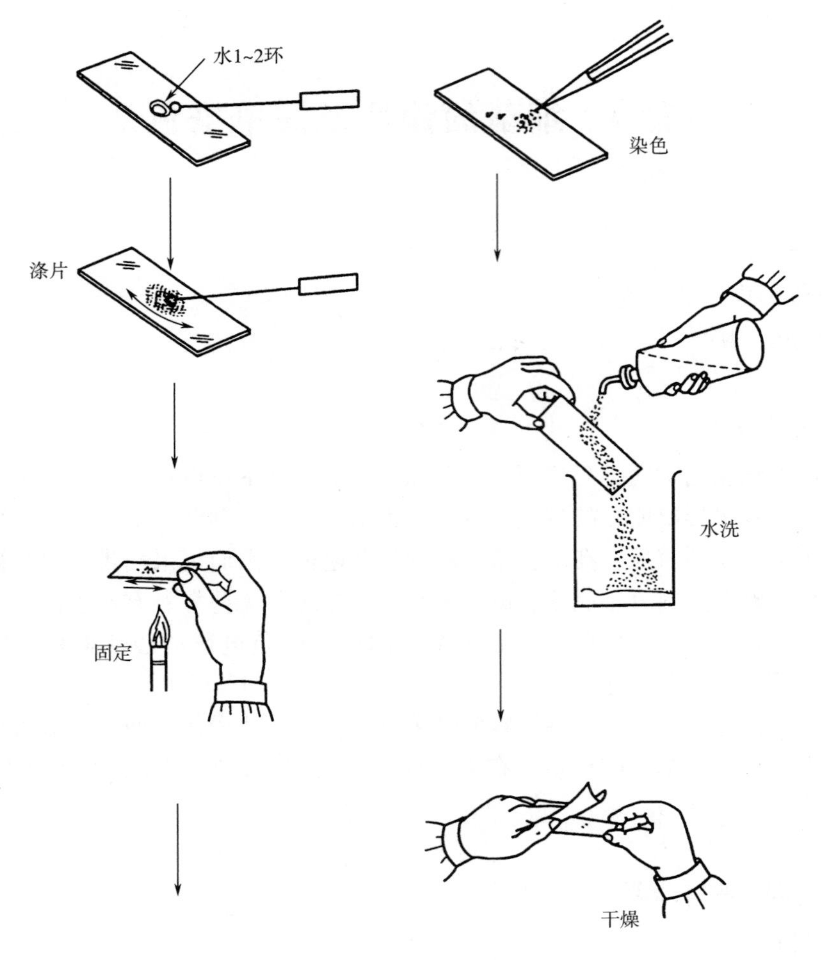

图 4-1 实验流程

[图片来源：周德庆《微生物学实验教程》(第二版)]

膜为宜，染色 1~2 min。

4. 水洗

倾去染色液，用洗瓶自玻片一端加水，使其缓缓流向另一端，冲去染色液，至染色液不再被水洗下为止。

5. 干燥

玻片自然干燥或用吸水纸从玻片边缘小心吸去水分，注意不要接触擦去菌体。

6. 镜检

用油镜观察玻片，并绘制观察到的细菌形态。

7. 清理

实验结束后，及时清洁显微镜和涂片。有菌的玻片可用洗衣粉水煮沸后清洗干净并沥干。

注意事项：

① 在制作涂片时，用接种环挑取的菌体不宜太多，涂片时应尽量将菌体涂薄，以免

影响对单个菌体的观察。

② 在染色过程中，不可使染液干涸。水洗时，不要直接冲洗涂面，应使水从载玻片一端流下；水流不宜过急、过大，以免涂片薄膜脱落。

五、实验结果分析

实验结果分析见图 4-2，油镜视野下可清晰观察到经草酸铵结晶紫简单染色后呈长杆状的枯草杆菌。

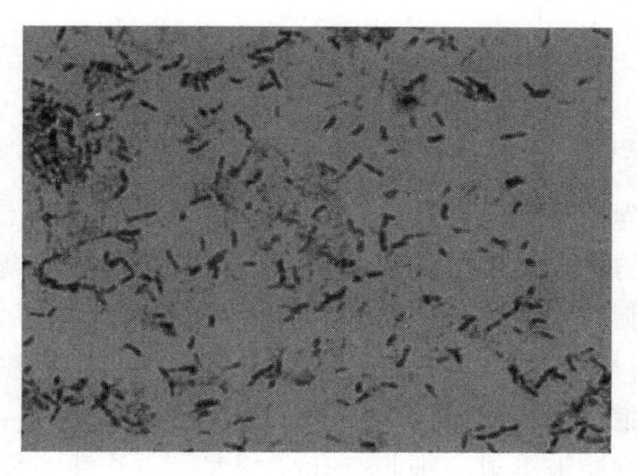

图 4-2 枯草杆菌（1000×，草酸铵结晶紫染色）

六、实验报告

绘制并记录细菌涂片和简单染色的实验方法步骤，并进行结果分析。

七、思考题

① 在染色前，为什么要对涂片进行固定，涂片固定时应注意什么问题？

② 通过查阅资料，试分析比较不同涂片固定方式的优缺点及各自的应用范围。

细菌的革兰氏染色

实验 5　细菌的革兰氏染色

一、实验目的

① 了解革兰氏染色的原理。

② 掌握革兰氏染色的方法。

二、实验原理

革兰氏染色法是 1884 年丹麦病理学家 Christain Gram 发明的，后经研究者们进一步改进完善，可将细菌区分为革兰氏阳性菌（G^+）和革兰氏阴性菌（G^-）。染色原理是利用细菌的细胞壁结构和成分的不同。革兰氏阳性菌的细胞壁中，肽聚糖层较厚，交联而成的肽聚糖网状结构致密，类脂质含量少，经乙醇等脱色剂处理发生脱水作用反而会使肽聚糖层孔径缩小，通透性降低，结晶紫与碘形成的大分子复合物会保留在细胞壁内使细胞呈蓝紫色；革兰氏阴性菌的细胞壁中，肽聚糖层较薄，网状结构交联少，类脂质含量较高，经乙醇等脱色剂处理后，类脂质被溶解，细胞壁孔径变大，通透性增加，结晶紫与碘的复合物易于被溶出细胞壁，再经番红或沙黄复染后细胞呈红色。

三、实验材料与器具

1. 实验材料

金黄色葡萄球菌（*Staphylococcus aureus*）和大肠杆菌（*Escherichia coli*）的斜面菌种，革兰氏染色液（结晶紫染液、碘液、95%乙醇、番红或沙黄染色液等），香柏油，二甲苯，吸水纸等。

2. 实验器具

显微镜，擦镜纸，接种环，载玻片，小滴管，酒精灯，染色缸等。

四、实验方法

（一）制片

1. 涂菌

在载玻片中央滴一小滴蒸馏水，再用接种环以无菌操作方法挑取少量金黄色葡萄球菌或大肠杆菌于水滴中，混匀后涂成薄的菌膜。

2. 固定

涂片于空气中自然干燥，或置于火焰上部稍微加热以加速干燥。手执载玻片的一端，有菌膜的涂面向上，在酒精灯的火焰上通过 3 次，用手指触摸涂片反面，以热而不烫为宜。

（二）染色

1. 初染

滴加结晶紫染液至涂片上，以刚好覆盖菌膜为宜，1 min 后，倾去染色液，并用水小心洗去残余染料。

2. 媒染

滴加碘液，1 min 后，水洗。

3. 脱色

滴加 95%乙醇，摇动玻片数次后倾去乙醇，如此重复 2~3 次，至紫色不再被乙醇脱退为止，立即用水冲洗。

4. 复染

滴加番红或沙黄染色液，1~2 min 后，水洗。用吸水纸小心吸干残留水渍。

（三）镜检

用油镜观察，区分革兰氏阳性菌和革兰氏阴性菌的细菌形态和颜色，绘图并记录染色结果。

注意事项：

① 涂片务求均匀，切忌过厚。在染色过程中，不可使染液干涸。水洗时，不要直接冲洗涂面，应使水从载玻片一端流下；水流不宜过急、过大，以免涂片薄膜脱落。

② 脱色时间十分重要，时间过长导致脱色过度，会使革兰氏阳性菌呈现阴性反应；脱色时间不够，则会使革兰氏阴性菌呈现阳性反应。

③ 选用培养 18~24 h 的细菌为宜，若龄菌太老，因菌体死亡等因素会使革兰氏阳性菌呈现阴性反应。

五、实验结果分析

经革兰氏染色后，金黄色葡萄球菌呈紫色球状（左），为革兰氏阳性菌；大肠杆菌呈红色杆状（右），为革兰氏阴性菌（图 5-1）。

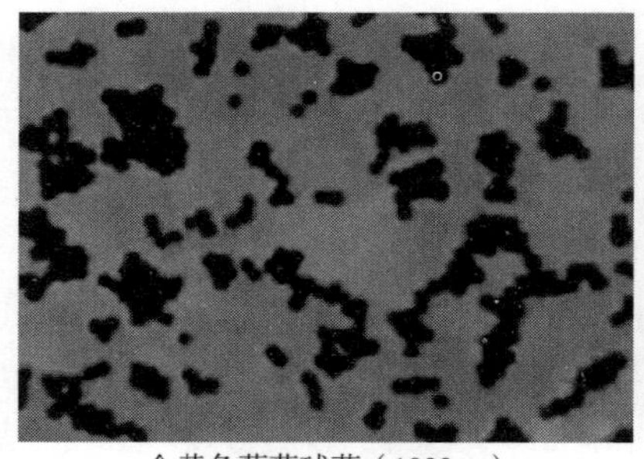

金黄色葡萄球菌（1000×）

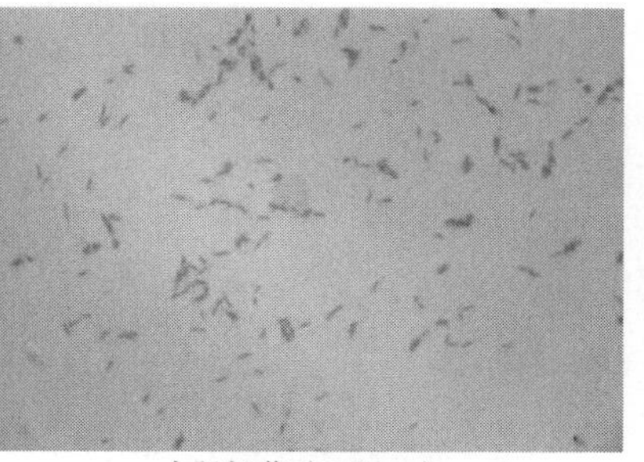

大肠杆菌（1000×）

彩图

图 5-1　观察结果

六、实验报告

绘图（标注菌的形状和染色结果）：金黄色葡萄球菌染色视野图，大肠杆菌染色视野图。

七、思考题

① 试述革兰氏染色的原理及注意事项。

② 记录革兰氏染色的实验方法步骤，并进行结果分析。

③ 涂片后为什么要进行固定？固定时应注意什么？

④ 革兰氏染色过程中哪一步最为关键？为什么？

⑤ 若不经历复染，能否实现对革兰氏阳性菌和革兰氏阴性菌的区分？

实验 6　细菌的芽孢染色

细菌芽孢染色

一、实验目的

掌握细菌的芽孢染色方法。

二、实验原理

细菌的芽孢是一些细菌生长到一定阶段后在菌体内形成的休眠体，具有壁厚、透性低、不易着色等特点。用着色力强的弱碱性染料如孔雀绿，在加热条件下可使菌体和芽孢着色。经脱色处理后，染料与菌体亲和力低会被脱去，而芽孢内的染料难以洗脱，表现出孔雀绿等染料的颜色；再用对比度大的复染剂染色后，芽孢和菌体会呈现出不同的颜色，以区分芽孢和菌体。

三、实验材料与器具

1. 实验材料

苏云金芽孢杆菌（*Bacillus thuringiensis*）斜面菌种，50 g/L 孔雀绿染液，5 g/L 沙黄染液，二甲苯，香柏油，蒸馏水等。

2. 实验器具

显微镜，擦镜纸，接种环，载玻片，小滴管，酒精灯，吸水纸，染色缸，小试管（1 cm × 6. 5 cm），烧杯（300 mL），试管夹等。

四、实验方法

（一）Schaeffer-Fulton 氏染色法

1. 涂片

在载玻片中央滴一小滴蒸馏水，再用接种环以无菌操作方法挑取少量苏云金芽孢杆菌于水滴中，混匀后涂成薄的菌膜。

2. 固定

涂片于空气中自然干燥，或置于火焰上部稍微加热以加速干燥。手执载玻片的一端，有菌膜的涂面向上，在酒精灯的火焰上通过 3 次，用手指触摸涂片反面，以热而不烫为宜。

3. 染色

滴加 50 g/L 孔雀绿染色液于涂片上，以刚好覆盖菌膜为宜。用试管夹夹住载玻片一端，在火焰上用微火加热至染料冒蒸汽时开始计时，维持 4~5 min。加热过程中应不时添加染液，保证染液不被蒸干。

4. 脱色

倾去染液，待载玻片冷却后，用水冲洗玻片至水中无孔雀绿染色液为止。

5. 复染

用 5 g/L 沙黄染色液复染 1～2 min，水洗。用吸水纸小心吸干残留水渍。

6. 镜检

用油镜观察。

（二）改良的 Schaeffer-Fulton 氏染色法

1. 制备菌液

在小试管中滴加 1～2 滴自来水，用接种环挑取 2～3 环苏云金芽孢杆菌于试管中，充分混匀，制成浓稠的菌悬液。

2. 加染色液

滴加 2～3 滴 50 g/L 孔雀绿染色液至小试管中，用接种环搅拌，使染色液与菌液充分混合。

3. 加热

将此试管置于沸水浴中，加热 15～20 min。

4. 涂片

用接种环以无菌操作方法从试管底部挑数环菌液于洁净的载玻片上，并涂成薄膜。

5. 固定

涂片于空气中自然干燥，或置于火焰上部稍微加热以加速干燥。手执载玻片的一端，有菌膜的涂面向上，在酒精灯的火焰上通过 3 次，用手指触摸涂片反面，以热而不烫为宜。

6. 脱色

待载玻片冷却后，用水冲洗玻片至水中无孔雀绿染色液为止。

7. 复染

滴加 5 g/L 沙黄染色液，2～3 min 后，倾去染液，用吸水纸小心吸干残留水渍。

8. 镜检

用油镜观察。

注意事项：

① 芽孢染色用的菌种对菌龄的要求较高，应使大部分芽孢仍保留在菌体内为宜。苏云金芽孢杆菌在 30℃下培养 18～24 h 效果最佳。

② 采用改良法染色时，在涂片前，应对试管中的菌液进行充分搅拌，然后再挑取菌液，以免菌体发生沉淀，视野下菌体较少。

五、实验结果分析

芽孢经孔雀绿染色后呈孔雀绿色，菌体经沙黄复染后呈红色。

六、实验报告

① 绘图：苏云金芽孢杆菌的菌体、芽孢形态及芽孢的着生位置。

② 记录芽孢染色的实验方法步骤，并进行结果分析。

七、思考题

① 试述芽孢染色的原理及注意事项。
② 经油镜观察，在芽孢染色涂片上有时会出现大量游离的芽孢，为什么？
③ 芽孢染色的原理是什么？为什么染色过程中需要加热？

实验7　细菌的荚膜染色

一、实验目的

掌握细菌的荚膜染色方法。

二、实验原理

荚膜是位于一些细菌细胞壁表面的一层松散的胶状黏液物质，其成分因不同菌种而异，主要包含多糖、糖蛋白或多肽。由于荚膜与染料间的亲和力较弱，不易着色，通常采用负染色法，即设法使菌体和背景着色而荚膜不着色。在显微镜视野下，荚膜在菌体周围呈一透明圈。

三、实验材料与器具

1. 实验材料

胶质芽孢杆菌（*Bacillus mucilaginosus*）斜面菌种，绘图墨水（滤纸过滤），石炭酸品红染液，95%乙醇，二甲苯，香柏油，蒸馏水等。

2. 实验器具

显微镜，擦镜纸，接种环，载玻片，盖玻片，小滴管，染色缸等。

四、实验方法

（一）湿墨水法

1. 菌液制备

滴加1滴墨水于洁净的载玻片中央，用接种环以无菌操作方法挑取少量钾细菌与墨水充分混合均匀。

2. 加盖玻片

取一洁净的盖玻片置混合液上，在盖玻片上再放一张滤纸，向下轻压，吸收多余的液体。

3. 镜检

自然干燥后，油镜观察。

（二）石炭酸品红染色法

1. 涂片

在载玻片中央滴一小滴蒸馏水，再用接种环以无菌操作方法挑取少量钾细菌于水滴中，混匀后涂成薄的菌膜。

2. 固定

涂片自然干燥后，滴加1~2滴95%乙醇固定。

3. 加染色液

滴加石炭酸品红染液，1～2 min 后，水洗，自然干燥。

4. 加盖玻片

在菌体的一端滴加一滴墨汁，另取一块边缘光滑的载玻片与墨汁接触，再以匀速推向另一端，涂成均匀的一薄层，取一洁净的盖玻片置菌体上。

5. 镜检

自然干燥后，油镜观察。

注意事项：

① 荚膜染色过程中，加盖玻片时应尽量小心谨慎，不可出现气泡，以免影响观察。

② 荚膜染色过程中，涂片和固定过程均不能加热，以免荚膜皱缩变形。

五、实验结果分析

菌体较暗，背景灰色，荚膜在菌体周围呈现一个明亮的透明圈。

六、实验报告

① 绘图：胶质芽孢杆菌的菌体及荚膜的形态和颜色。

② 记录荚膜染色的实验方法步骤，并进行结果分析。

七、思考题

① 组成荚膜的成分是什么？在荚膜染色中为什么不能用加热固定？

② 荚膜染色为什么要用负染色法？

③ 试述荚膜染色的原理及注意事项。

实验 8 放线菌、酵母菌、霉菌形态观察

一、实验目的

① 辨认放线菌的营养菌丝、气生菌丝、孢子丝、孢子的形态。

② 观察酵母菌的形态结构及出芽生殖方式。

③ 掌握酵母菌产生子囊孢子的培养条件并观察子囊孢子的形态特征。

④ 观察霉菌的发育过程和形态特征。

⑤ 学习放线菌、酵母菌、霉菌形态观察的方法。

二、实验原理

放线菌一类能形成分枝菌丝和分生孢子，主要是以孢子繁殖，外形呈菌丝状生长的革兰氏阳性细菌。发达的分枝菌丝宽度与杆状细菌相仿，0.2~1.2 μm，主要包括营养菌丝、气生菌丝和孢子丝。营养菌丝又称基内菌丝，颜色较浅、直径较细，通常着生于固体培养基表面和内层，吸收营养物质；气生菌丝颜色较深、直径较粗，叠生于营养菌丝上，不断向空气中延伸；孢子丝是气生菌丝发育到一定阶段分化产生可形成孢子的菌丝。

酵母菌细胞有圆形、卵圆形、柱状、球状、菌丝状等多种形态。生殖方式可分为无性繁殖和有性繁殖两大类。其中，无性繁殖以出芽生殖为主，少数进行裂殖和芽裂；有性繁殖以形成子囊孢子的方式进行，一般在营养条件变差时，一些酵母菌通过形成子囊孢子的方式进行有性繁殖。观察酵母菌细胞的形态和内部结构通常采用染色的方法。如可用孔雀绿对子囊孢子进行染色，用亚甲蓝染色区分细胞是否存活，用中性红可将细胞中的液泡染成红色，而碘液则可将酵母菌中的肝糖粒染成淡红色。

霉菌是一类能形成分枝菌丝的真菌的统称。构成霉菌体的基本单位称为菌丝。当生长于固体基质上时，能部分深入基质吸收养料的菌丝称为营养菌丝（或基质菌丝），向空中伸展的菌丝称为气生菌丝，进一步发育分化的气生菌丝则会形成繁殖菌丝，产生孢子。根据菌丝中隔膜的有无，将霉菌菌丝分为无隔膜菌丝和有隔膜菌丝。在无隔膜菌丝体中，整个菌丝体就是一个单细胞，可含有多个细胞核，该类型的菌丝常见于低等真菌；在有隔膜菌丝体中，每段被隔开的菌丝就是一个细胞，整个菌丝体由多个细胞组成，每个细胞内含有 1 个或多个细胞核，该类型的菌丝多见于高等真菌。

三、实验材料与器具

1. 实验材料

细黄链霉菌（*Streptomycs microflavus*）、酿酒酵母（*Saccharomyces cerevisiae*）以及黑曲霉（*Aspergillus niger*）的平皿菌种，高氏I号培养基，PDA 培养基，乙酸钠培养基，0.5 g/L亚甲蓝染色液（用 pH 为 6.0 的 0.02 mol/L 磷酸缓冲液配制），石炭酸品红染色液，碘液，

50 g/L孔雀绿，0.4 g/L 中性红染色液，5 g/L 沙黄染色液，95%乙醇，20%甘油，香柏油，二甲苯，吸水纸等。

2. 实验器具

显微镜，擦镜纸，接种环，载玻片，盖玻片，小滴管，酒精灯，镊子，U 形玻璃棒，移液器，圆形滤纸，解剖刀，剪刀，染色缸等。

四、实验方法

（一）放线菌的形态观察

放线菌的形态观察有插片法、印片染色法、搭片法及玻璃纸法等多种方法，下面主要介绍插片法和印片染色法。

1. 插片法

① 倒平板。在超净工作中制备高氏Ⅰ号固体培养基平板。

② 接种及插片。以无菌操作方法用接种环挑取少量细黄链霉菌孢子在平板培养基上划线接种，随后用镊子夹取无菌盖玻片以 45°角斜插入已接种的平板培养基内，插入深度约为盖玻片长度的一半。

③ 培养。插有盖玻片的平板倒置于 28℃培养箱中培养 3~7 d。

④ 镜检。打开平板后，用镊子小心夹取一块盖玻片，擦去背面附着物，将有菌的一面向上置于载玻片上，显微镜下（低倍镜、高倍镜）观察细黄链霉菌的营养菌丝、气生菌丝和孢子。

2. 印片染色法

① 印片。用镊子夹取一块洁净的载玻片于酒精灯火焰上微微加热，小心盖在长有细黄链霉菌的培养皿上，轻压一下后反转，将有印迹的载玻片在火焰上方通过 2~3 次进行固定。

② 染色。取适量石炭酸品红染色液覆盖于印迹上，1 min 后水洗。

③ 镜检。自然晾干后用油镜观察。

（二）酵母菌的形态观察

1. 酵母菌的活体染色观察

① 取适量无菌水将培养 2~3 d 酿酒酵母菌苔洗下，制成菌悬液。

② 滴加 0.5 g/L 亚甲蓝染色液一滴于载玻片中央，取一环酿酒酵母菌悬液染色液混匀，2~3 min 后盖上盖玻片，于高倍镜下观察个体形态。注意视野中不着色的为活细胞，被染成蓝色的为死细胞。

2. 酵母菌子囊孢子的观察

① 以无菌操作方法用接种环挑取少量酿酒酵母接种于新鲜的 PDA 培养基上，置于 28℃培养 2~3 d 以活化菌种，长好后再转接 2~3 次。

② 用接种环挑取酿酒酵母接种于乙酸钠培养基上，置于 30℃培养 14 d，以获得较多的孢子。

③ 滴加一点无菌水于载玻片中央，从上述乙酸钠培养基中挑取少许菌苔与无菌水混匀，完成涂片，晾干后于酒精灯火焰上方通过 2~3 次进行固定。

④ 滴加数滴孔雀绿染色液，1 min 后用水洗去染液，滴加 95%乙醇脱色，30 s 后用水洗去乙醇，再滴加 5 g/L 沙黄染色液，复染 30 s，水洗后晾干，最后镜检。视野中，子囊孢子为绿色，子囊为红色。

3. 酵母菌液泡的活体染色观察

滴加一滴中性红染色液至一洁净载玻片中央，用接种环取少许上述酵母菌悬液与之混合，5 min 后盖上盖玻片，显微镜下观察，液泡呈红色，细胞为无色。

4. 酵母菌中肝糖粒的观察

滴加一滴碘液至一洁净载玻片中央，用接种环取少许上述酵母菌悬液与之混合，盖上盖玻片，显微镜下观察，细胞内的肝糖粒呈红色。

（三）霉菌的形态观察

1. 制备 PDA 薄层

在超净工作台中，将熔化好的 PDA 培养基倒入灭菌的培养皿中，形成厚度 2~3 mm 的薄层。

2. 制作培养小室

打开一培养皿，于在皿底铺一层略小于培养皿的圆形滤纸，圆形滤纸上再放一个 U 形玻璃棒，取一块洁净的载玻片置于玻璃棒上，盖上培养皿，报纸包裹好后于高压蒸汽灭菌锅中灭菌（121℃，20 min），同时对盖玻片进行灭菌，备用。

3. 接种培养

将制备的 PDA 薄层用解剖刀切成边长约为 1.0 cm 正方形琼脂块，转移至上述小室中的载玻片两端。用无菌接种环小心挑取少量黑曲霉接种至琼脂块的边缘，并将灭菌的盖玻片覆盖于琼脂块上。移取 2~3 mL 灭菌的 20%甘油至培养皿的滤纸上以维持培养皿内的湿度，加盖培养皿盖，并用封口膜封好后正置于 28℃培养箱中培养 7~10 d。

4. 镜检观察

取出载玻片置于显微镜下，在低倍镜和高倍镜下观察霉菌的特征结构。

注意事项：

① 采用印片染色法观察放线菌形态过程中，印片时应注意将载玻片垂直放下和取出，以防载玻片水平移动而破坏放线菌的自然形态。

② 在观察酵母菌子囊孢子过程中，如果视野中子囊及子囊孢子较少时，可适当提高接种量或延长培养时间。

③ 对霉菌形态的观察过程中，在琼脂块上加盖玻片时切勿压入气泡，以免影响观察；尽可能将分散的孢子接种在琼脂块边缘上，否则培养后菌丝过于稠密，影响观察。

④ 实验操作过程中，尤其是镜检时不要碰到载玻片上的菌丝，否则会污染镜头并且破坏菌丝的自然生长状态。

五、实验结果分析

细黄链霉菌的孢子丝和气生菌丝颜色较深，孢子呈卵圆形。营养菌丝的颜色浅，菌丝较细；用亚甲蓝对酵母菌进行活体染色，视野中大部分细胞是没有被着色的活细胞，少数细胞是被染成蓝色的死细胞，如果想提高视野中死细胞数量，可在制片时对菌液稍微加热。

六、实验报告

绘图记录细黄链霉菌、酿酒酵母及黑曲霉的形态，并进行比较分析。

七、思考题

① 在显微镜下如何区分放线菌的营养菌丝和气生菌丝？

② 比较插片法和印片染色法观察放线菌形态的优缺点。

③ 在观察霉菌的形态时，为什么要添加 20%甘油到滤纸上？

④ 在观察霉菌的形态时，琼脂块的厚度为何要控制在 2~3 mm，为什么从琼脂块的边缘进行接种？

实验 9　微生物细胞大小的测定

一、实验目的

① 学习测微尺的使用和计算方法。

② 掌握用测微尺测量杆菌和球菌大小的方法。

二、实验原理

微生物细胞大小是细胞个体特征的重要参数，了解微生物的大小，对于系统地研究细胞个体具有重要意义。由于微生物个体通常较为微小，无法直接观察和测量，需要借助显微镜和测微尺来完成。目前常用的测微尺有镜台测微尺和目镜测微尺两种，镜台测微尺的中央有一条 1 mm 长的直线，并被均等分为 100 小格，每格长 10 μm；目镜测微尺是一块有精确等分刻度的圆形玻璃片，将 5 mm 刻尺等分为 50 小格。需要注意的是，目镜测微尺每一小格实际代表的长度由使用的目镜和物镜的放大倍数而定，在测量微生物大小前必须用镜台测微尺校正目镜测微尺每小格所代表的实际大小，然后用目镜测微尺直接测量待测微生物细胞的大小。

三、实验材料与器具

1. 实验材料

大肠杆菌（*Escherichia coli*）和金黄色葡萄球菌（*Staphylococcus aureus*）的玻片标本，香柏油，二甲苯，吸水纸等。

2. 实验器具

显微镜，擦镜纸，目镜测微尺，镜台测微尺等。

四、实验方法

1. 放置目镜测微尺

小心取出显微镜的目镜，旋开接目透镜后将目镜测微尺放在目镜镜筒内的隔板上，将目镜测微尺有刻度一面向下放置，随后旋上接目透镜，并将目镜放回显微镜镜筒内。

2. 标定目镜测微尺

将镜台测微尺有刻度面向上置于载物台上，在低倍镜下观察镜台测微尺的刻度；随后转动目镜，直至目镜测微尺的刻度与镜台测微尺的刻度平行；调整视野，使两尺最左边的一条线重合，然后向右锁定另一条两尺刻度重合的刻度线；最后分别数出两重合线之间的目镜测微尺和镜台测微尺的格数，完成目镜测微尺的标定。采用同样的方法，在高倍物镜和油镜条件下，可分别完成目镜测微尺的标定。

3. 计算方法

$$目镜测微尺每格长度（\mu m）=\frac{两条重合线间镜台测微尺的格数\times 10}{两条重合线间目镜测微尺的格数}$$

例如，镜台测微尺 5 个小格等于目镜测微尺 25 个小格，由于镜台测微尺每小格长度为 10 μm，所以 5 个小格长度为 5×10＝50（μm），则目镜测微尺上每小格长度即为 50÷25＝2（μm）。可用此计算方法分别计算低倍镜、高倍镜及油镜下目镜测微尺每小格所代表的实际长度。

4. 测定菌体大小

分别用大肠杆菌和金黄色葡萄球菌的玻片标本替换载物台上的镜台测微尺，在低倍镜下锁定菌体位置，油镜下用目镜测微尺分别记录菌体的长和宽，测量菌体的大小。为了增强实验的可靠性，一般测量菌体的大小时，需测定 10~20 个菌体，然后计算其平均值。

注意事项：

① 在标定目镜测微尺时，要求操作人员拥有较强的耐心和注意力，要注意准确将目镜测微尺和镜台测微尺的重合线对正。

② 由于镜台测微尺的玻片很薄，因而在标定油镜时要格外注意，避免压碎镜台测微尺或损坏镜头。

五、实验结果分析

由于微生物菌体的大小在不同细胞或细胞的不同生长时期均存在一定的差异，故需要测定多个微生物细胞后取其平均值才能较为真实地反映菌体的大小。

六、实验报告

记录目镜测微尺标定的结果以及微生物菌体大小测定的结果，并对结果进行分析。

七、思考题

① 试比较新鲜培养的和标准玻片的大肠杆菌大小，如果大小不一致，分析其原因。

② 当更换不同放大倍数的物镜时，为什么必须用镜台测微尺再次对目镜测微尺进行标定？

③ 当目镜和目镜测微尺保持不变时，只改变物镜，目镜测微尺上每小格所测量的菌体细胞的实际长度是否相同？

实验 10　微生物的显微镜直接计数

食品中霉菌和酵母计数

一、实验目的

① 学习使用血细胞计数板进行显微镜直接计数的原理和方法。

② 学习细菌计数板的工作原理、使用方法和注意事项。

③ 了解微生物细胞活体染色的原理和计数方法。

二、实验原理

显微镜直接计数是通过测定计数板的计数室内微生物细胞的数量来进行快速计数的方法。根据计数对象的不同，计数板大致可分为血细胞计数板（酵母菌或霉菌孢子计数）（图 10-1）和细菌计数板（细菌计数）。

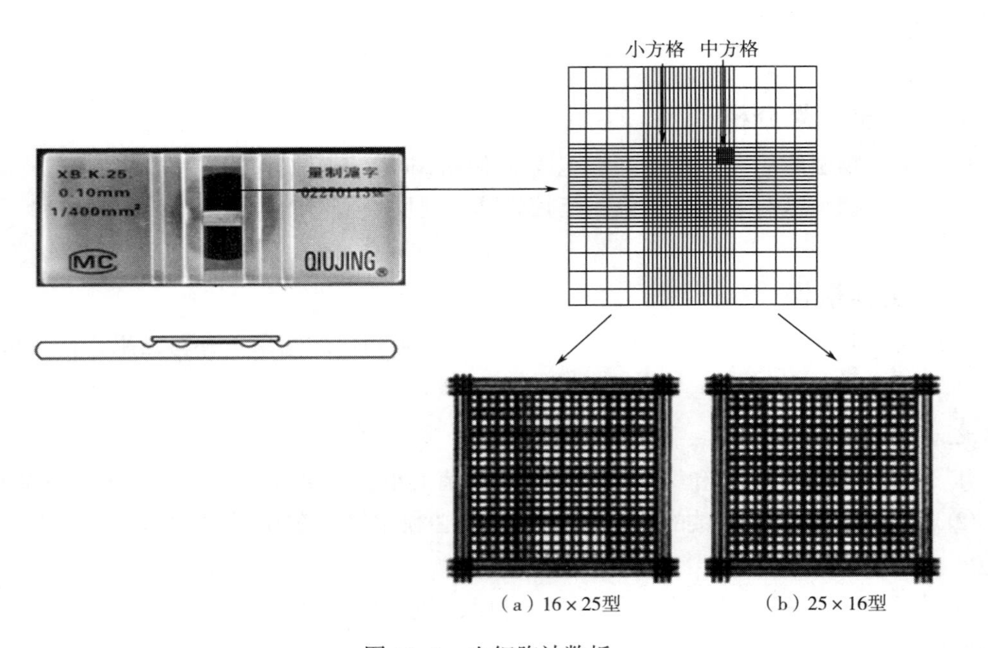

图 10-1　血细胞计数板

血细胞计数板是一块特制的精密载玻片，其上有四条长槽而将中间区域分隔成三个平台，其中，中间平台的高度低于两边的平台 0. 1 mm，该中间平台又被一条短槽一分为二，在分成的两个短平台上各有一个相同的方格网；每个方格网被划分为九个大格，位于中央的大格即为计数室。计数室大方格的边长为 1 mm，其再被细分为 400 个小格，每 16 个小格组成一个中格，共有 25 个中格（或每 25 个小格组成一个中格，共计 16 个中格），每个中格的四周均有双线界限标志。总的来说，每个计数室大方格的体积即为 0. 1 mm^3，可基于此计算待测菌液中的总菌数。细菌计数板与血细胞计数板的结构和计数的原理基本相同，划分为 400 个小格，不同的是，由于对细菌计数需要使用油镜观察，细菌计数板中间计数室大方格的深度较浅，为 0.02 mm（在油镜视野的工作距离范围以内），因此，细菌计数板的计数室的体积仅为 0.02 mm^3。

血细胞计数板计数的原理：经过适当稀释的酵母菌或霉菌孢子悬液加入血细胞计数板的计数室中，于显微镜下逐格计数；由于血细胞计数板的计数室大小为 0.1 mm^3，故计算获得的细胞数或孢子数的总体积即为 0.1 mm^3，再乘以稀释倍数，即可获得原菌液的含菌量；需要注意的是，通过此方法所得的细胞数为总细胞数，包括死细胞和活细胞。细菌计数板的工作原理与血细胞计数板相似，只不过计数室的总体积为 0.02 mm^3。在实际操作过程中，也可通过使用一定浓度的染色液（如美蓝染色液）对细胞液进行适当染色，活细胞不会着色，死细胞则会被染色，据此区分活细胞和死细胞，然后分别进行计数。

三、实验材料与器具

1. 实验材料

酿酒酵母（*Saccharomyces cerevisiae*）和金黄色葡萄球菌（*Staphylococcus aureus*）的斜面菌种，95%乙醇棉球，三角瓶（内含玻璃珠），生理盐水，磷酸缓冲液（pH 7.0），美蓝染色液（美蓝 0.025 g、KCl 0.042 g、NaCl 0.9 g、$CaCl_2 \cdot 6H_2O$ 0.048 g、$NaHCO_3$ 0.02 g、葡萄糖 1 g、蒸馏水 100 mL），香柏油，二甲苯等。

2. 实验器具

显微镜，擦镜纸，血细胞计数板及配套盖玻片，Helber 型细菌计数板及配套盖玻片，接种环，试管，移液管，滴管，染色缸等。

四、实验方法

（一）血细胞计数板直接计数

1. 计总菌数

① 制备酵母菌稀释液。吸取 10 mL 的生理盐水分两次洗下酿酒酵母斜面菌苔，移至含有玻璃珠的三角瓶中充分振荡以分散细胞；再进行适当稀释，保持每一计数板的中格中平均有 15~20 个细胞为宜。

② 清洗血细胞计数板。先用自来水冲洗，再经 95%乙醇棉球轻轻擦洗，然后经水冲洗后晾干；盖玻片也采用同样的方法进行清洁处理；显微镜下观察确保计数室和盖玻片已清洗干净。

③ 加菌液。将盖玻片覆盖于计数室上方两边平台架上，用滴管来回吹吸菌悬液数次，吸取少量菌悬液滴加于盖玻片与计数板的边缘缝隙处，使菌液沿缝隙渗入计数室，避免气泡混入。最后用镊子轻轻触碰一下盖玻片，确保盖玻片没有浮起。静置片刻后，在显微镜下选择中方格进行计数。

④ 计数。在低倍镜下找到计数板大方格网，移至视野中央后转用高倍镜观察和计数。通常选取 25 中方格计数室内的 5 格，即 4 个角与中央记录其含菌数，以减少计数中的误

差。每个样品重复计数 2~4 个计数室，计算平均值。

⑤ 清洗。计数完毕后，用蒸馏水冲洗计数板，吸水纸吸干后再用乙醇棉球轻轻擦拭，随后再用水冲洗，最后用擦镜纸擦干。盖玻片的清洗方法同计数板。

2. 计死菌体和活菌体数

① 制备酵母菌菌液。吸取 10 mL 的磷酸盐缓冲液（pH 7.0）分两次洗下酿酒酵母斜面菌苔，移至含有玻璃珠的三角瓶中充分振荡以分散细胞；再进行适当稀释，保持每一计数板的中格中平均有 15~20 个细胞为宜。

② 活体染色。取美蓝染色液 0.9 mL 于试管中，吸取上述菌液 0.1 mL 与染色液充分混合，10 min 后进行计数。

③ 清洗血细胞计数板。方法同前所述。

④ 加染色菌液。方法同前所述。

⑤ 计数。按照上述方法记录视野中的活细胞数（无着色）和死细胞数（被染成蓝色），计算菌液中活细胞和死细胞的数量。

⑥ 清洗。计数完毕后，清洗方法同前所述。

⑦ 计算方法：

$$菌数（个/mL）=\frac{X_1+X_2+X_3+X_4+X_5}{5}\times 25（或 16）\times 10^4\times 稀释倍数$$

其中，X 为选取的中方格中细胞的数目。

（二）细菌计数板直接计数

1. 计总菌数

① 制备细菌稀释液。吸取 10 mL 的生理盐水分两次洗下金黄色葡萄球菌斜面菌苔，移至含有玻璃珠的三角瓶中充分振荡以分散细胞；再进行适当稀释，保持每一计数板的小格中平均有 5~10 个细胞为宜。

② 清洗细菌计数板。先用蒸馏水冲洗，再经 95% 乙醇棉球轻轻擦洗，然后经水冲洗后晾干；盖玻片也采用同样的方法进行清洁处理；显微镜下观察确保计数室和盖玻片已清洗干净。

③ 加菌液。将盖玻片覆盖于计数室两边平台上，用滴管来回吹吸菌悬液数次，吸取少量菌悬液滴加于盖玻片与计数板的边缘缝隙处，使菌液沿缝隙渗入计数室，避免气泡混入。最后用镊子轻轻触碰一下盖玻片，确保盖玻片没有浮起。静置片刻后，在显微镜下选择中方格进行计数。

④ 计数。在低倍镜下找到计数板大方格网，移至视野中央后转用油镜观察和计数。通常选取具有代表性的 20 个小格，计出每个小格中的细胞数，然后计算平均值换算出样品的含菌量。每个样品重复计数 2~4 个计数室，计算平均值。

⑤ 清洗。计数完毕后，用蒸馏水冲洗计数板，吸水纸吸干后再用乙醇棉球轻轻擦拭，随后再用水冲洗，最后用擦镜纸吸干。盖玻片的清洗方法同计数板。

2. 计死菌体和活菌体数

① 制备细菌悬液。吸取 10 mL 的生理盐水分两次洗下金黄色葡萄球菌斜面菌苔，移至含有玻璃珠的三角瓶中充分振荡以分散细胞；再进行适当稀释后进行染色。

② 活体染色。取美蓝染色液 0.9 mL 于试管中，吸取上述菌液 0.1 mL 与染色液充分混合，10 min 后进行计数。

③ 清洗细菌计数板。方法同前所述。

④ 加染色菌液。方法同前所述。

⑤ 计数。按照上述方法记录分别计 20 小格中的活细胞数（无着色）和死细胞数（被染成蓝色），计算菌液中活细胞和死细胞的数量。

⑥ 清洗。计数完毕后，清洗方法同前所述。

⑦ 计算方法：

$$\text{菌数（个/mL）}=\frac{X_1+X_2+\cdots+X_{19}+X_{20}}{20}\times400\times5\times10^4\times\text{稀释倍数}$$

其中，X 为选取的小格中细胞的数目。

注意事项：

① 血细胞计数板或细菌计数板使用完毕，不可用试管刷等硬物洗刷，用蒸馏水冲洗计数板后晾干即可。

② 滴加菌液时，不可使计数室内混有气泡，否则将影响菌液总体积以及菌液中菌体的随机分布。

③ 在计数时应遵循“计上不计下，计左不计右”的原则，即针对压在中格双线上的菌体，通过只计算压在上方和左侧的菌体数，避免重复计数或遗漏。

五、实验结果分析

采用计数板进行计数时，可适当调暗显微镜光线，使计数室中的线条更加明显，菌悬液的浓度以每个中方格几十个细胞为最佳，在活细胞计数时需在滴加菌液后静置数分钟，待菌液不再流动时再计数。

六、实验报告

① 试述显微镜直接计数法的原理及注意事项。

② 记录血细胞计数板（细菌计数板）的计数结果，并对结果进行分析。

七、思考题

① 试分析血细胞计数板计数结果产生误差的可能来源？应如何减少实验误差？

② 为什么 Helber 细菌计数板可以计算细菌样品中的细胞数，而血细胞计数板不可以？

③ 设计一个实验方案，对市面上某款酸奶中的乳酸菌进行计数。

实验 11　细菌的生理生化实验

一、实验目的

① 了解细菌生理生化反应原理，掌握细菌鉴定中常见的生理生化反应方法。

② 了解不同细菌对不同含碳、含氮化合物的分解利用情况。

③ 了解细菌在不同培养基的不同生长现象及其代谢产物在鉴别细菌中的意义。

二、实验原理

各种细菌所具有的酶系统不尽相同，对营养基质的分解能力也不一样，因而代谢产物存在差别。因此，用生理生化试验的方法检测细菌对各种基质的代谢作用及其代谢产物，就可鉴别细菌的种属，这类实验被称为细菌的生理生化反应。

1. 糖（醇）类发酵实验

不同的细菌具有发酵不同的糖（醇）的酶，因而发酵糖（醇）的能力各不相同，产生的代谢产物也不同，有的产酸产气，有的产酸不产气。指示剂溴甲酚紫，pH 5.2（黄色）~pH 6.8（紫色），当发酵产酸时，培养基将由紫变黄。产气可由杜氏小管中有无气泡来证明。

2. 甲基红实验（M. R 实验）

甲基红实验，pH 4.4 红色~pH 6.2 黄色，可用来检测由葡萄糖产生的有机酸，如甲酸、乙酸、乳酸等。有些细菌分解糖类产生丙酮酸，丙酮酸进一步反应形成甲酸、乙酸、乳酸等，使培养基的 pH 降低到 4.2 以下。有些细菌在培养的早期产生有机酸，但在后期将有有机酸转化为非酸性末端产物，如乙醇、丙酮酸等，使 pH 升至大约 6。

3. Voges-Proskauer 实验（伏-普实验，V. P. 实验）

伏-普实验是用来测定某些细菌利用葡萄糖产生非酸性或中性末端产物的能力。某些细菌分解葡萄糖成丙酮酸，再将丙酮酸缩合脱羧成乙酰甲基甲醇。乙酰甲基甲醇在碱性条件下，被氧化为二乙酰，二乙酰与培养基中所含的胍基作用，生成红色化合物为 V. P. 反应阳性。

4. 靛基质实验（吲哚实验）

某些细菌，如大肠杆菌，能产生色氨酸酶，分解蛋白胨中的色氨酸，产生靛基质，靛基质与对二甲基氨基苯甲酸结合，形成玫瑰色靛基质。

三、实验材料与器具

1. 菌种

大肠杆菌，产气肠杆菌等。

2. 培养基

糖（葡萄糖、乳糖、蔗糖）发酵培养基，葡萄糖蛋白胨水培养基，蛋白胨水培养基。

3. 实验试剂

甲基红试剂，V. P. 试剂，吲哚试剂，40% KOH 溶液，乙醚，溴甲酚紫指示剂等。

4. 实验器具

高压灭菌锅，超净工作台（或生物安全柜），恒温培养箱，天平，试管，杜氏小管，接种环，酒精灯，试管架，记号笔等。

四、实验方法

（一）糖（醇）类发酵实验

取分别装有不同碳源的糖发酵培养液试管（内置杜氏小管），并分别标记。每种糖发酵试管中，分别标记大肠杆菌、产气肠杆菌和空白对照。在超净工作台中，接种少量的菌苔至以上各相应试管中，每种糖发酵培养液的空白对照均不接菌，置 37℃ 恒温箱中培养 24~48 h 后观察结果。

与空白对照比较，若培养液保持原有颜色，其反应结果为阴性，表明该菌不利用该种糖，记录用“-”表示；如培养液呈黄色，反应结果为阳性，表明该菌能分解该种糖产酸，记录用“+”表示；培养液中的小管内有气泡为阳性反应，表明该菌分解糖能产酸并产气，记录用“⊕”表示；如小管内没有气泡为阴性反应。

（二）甲基红实验

取葡萄糖蛋白胨水培养基三支，分别标记大肠杆菌、产气肠杆菌和空白对照。在超净工作台中接种少量的菌苔至以上各相应试管中，空白对照不接菌，置 37℃ 恒温箱中培养 48 h。将培养 48 h 后的试管取出，沿管壁加入甲基红指示剂 3~4 滴，观察上层培养液颜色变化。

（三）伏-普实验

取葡萄糖蛋白胨水培养基三支，分别标记大肠杆菌、产气肠杆菌和空白对照。在超净工作台中接种少量的菌苔至以上各相应试管中，空白对照不接菌，置 37℃ 恒温箱中培养 48 h。取出加入与培养基等量的 V. P. 试剂，置 37℃ 水浴或培养箱培养 30 min，观察培养液颜色变化。

（四）靛基质实验（吲哚实验）

取蛋白胨水培养基试管三支，分别标记大肠杆菌、产气肠杆菌和空白对照。在超净工作台中接种少量的菌苔至以上各相应试管中，空白对照不接菌，置 37℃ 恒温箱中培养 48 h。培养后取出，先加入乙醚约 1 mL，充分振荡，静置片刻，使乙醚层浮于培养基上面，再沿管壁慢慢加入吲哚试剂 5~10 滴，观察有无红色环出现。

注意事项：

① 配制糖发酵培养基时，先将培养基加入试管，再将已装有培养基杜氏小管倒扣缓缓推入试管底部，在推入过程中保持试管倾斜，这样借助于杜氏小管内装满的液体形成的表面张力，可防止气泡的生成。灭菌时适当延长煮沸时间可除去管内气泡。

② 将细菌接种至液体培养基时，应使接种环与管内壁轻轻研磨，将菌体擦下，塞好棉塞后，将试管在手掌心中轻轻敲打或轻轻摇晃三角瓶，使菌体混合均匀。

③ 吲哚实验中，加入吲哚试剂后，切勿摇动试管，以免破坏乙醚层而影响实验结果。

五、实验结果分析

实验结果见表 11-1。

表 11-1 实验结果

实验种类	大肠杆菌	产气肠杆菌
糖（醇）类发酵实验	产酸产气	产酸产气
甲基红实验	阳性	阴性
伏-普实验	阴性	阳性
吲哚实验	阳性	阴性

六、实验报告

记录生理生化实验现象与结果。

七、思考题

① 生理生化实验中，为何要设置空白对照？

② 微生物生化反应的意义何在？

③ 甲基红实验和伏-普实验的最初作用物、最终产物有何异同点？出现最终产物不同的原因是什么？

实验 12 微生物的菌种保藏技术

一、实验目的

① 学习菌种保藏的基本原理。

② 了解并掌握菌种保藏的常用方法。

二、实验原理

菌种保藏是把生产实践和科学研究中所获得的优良菌种用各种适宜的方法妥善保存，以达到不死、不衰、不变异和不污染的目的，使菌种在较长时间内保持其原有的典型性状。菌种的变异通常是在微生物生长繁殖过程中发生的，因此在保藏过程中应设法设置适宜的外界条件使微生物处于代谢不活跃的生理状态，比如低温、缺氧、干燥、避光、缺少营养等。基于此，多种菌种保藏方法应运而生，常用的有斜面传代保藏法、石蜡油封藏法、沙土管保藏法、冷冻干燥保藏法、甘油保藏法等。

三、实验材料与器具

1. 实验材料

待保存的细菌、酵母菌、放线菌和霉菌斜面菌种，牛肉膏蛋白胨培养基（培养细菌），麦芽汁培养基（培养酵母菌），高氏Ⅰ号培养基斜面（培养放线菌），马铃薯蔗糖培养基（培养丝状真菌），液体石蜡，P_2O_5，10% HCl，河沙，瘦黄土（有机物含量少的黄土），80%无菌甘油，液氮等。

2. 实验器具

无菌试管，接种环，无菌移液管，无菌滴管，干燥器，冰箱，三角瓶，筛子（40 目，100 目）等。

四、实验方法

（一）斜面传代保藏法

1. 贴标签

取培养各种微生物的无菌斜面试管数支，在试管斜面的正上方将注有菌株名称和接种日期的标签贴上。

2. 接种

用接种环以无菌操作方法将待保藏的菌种移接至相应的试管斜面上，其中，细菌和酵母菌宜采用对数生长期的细胞，不宜用稳定期后期的衰老细胞，放线菌和丝状真菌宜采用成熟的孢子。

3. 培养

细菌于37℃恒温培养18～24 h，酵母菌于28～30℃恒温培养36～60 h，放线菌和丝状真菌于28℃恒温培养3～7 d。

4. 保藏

培养好的斜面可直接放入4℃冰箱保藏。为防止棉塞受潮长杂菌，管口的棉花塞可用牛皮纸包扎，或用熔化的固体石蜡熔封棉塞，或换上无菌胶塞。

（二）石蜡油封藏法

1. 石蜡灭菌

将液体石蜡装入250 mL三角瓶中，棉塞封口，并用牛皮纸包扎，连续两次进行高压蒸汽灭菌（121℃湿热灭菌30 min）。然后置于40℃温箱中约14 d，或置于105～110℃烘箱中约2 h，充分除去石蜡中的水分，待用。

2. 接种

方法同斜面传代保藏法。

3. 加石蜡油

以无菌操作的方法用无菌滴管吸取石蜡油至培养好的菌种斜面上，加入量以高出斜面顶端约1 cm为宜。

4. 保藏

棉塞外包牛皮纸，或用无菌胶塞封口，直立置于4℃冰箱中保存。利用该保藏方法，可保藏霉菌、放线菌或有芽孢细菌2年左右，酵母菌和不产芽孢的细菌1年左右。

5. 恢复培养

当需要使用或转接菌种时，用接种环从石蜡油下挑取少量菌种，取出前在试管壁上轻靠几下，尽量使油滴净，再接种至新鲜培养基中。由于菌体表面石蜡油的存在，菌体通常生长较慢且有黏性，因此一般需要转接两次才能获得良好菌种。

（三）沙土管保藏法

1. 沙土处理

① 沙处理：取适量经40目过筛的河沙，加入10% HCl浸泡2～4 h或煮沸30 min以除去河沙中的有机杂质，随后倾去盐酸，用清水冲洗至中性，烘干待用。

② 土处理：取适量不含有机质的瘦黄土，用清水浸泡洗涤数次至中性，烘干粉碎，经100目过筛后备用。

2. 装沙土管

将处理后的河沙与土按2∶1或3∶1的体积比混合均匀，取1 g装入试管中（10 mm × 100 mm），加棉塞外包牛皮纸，湿热灭菌（121℃，30 min）后烘干备用。

3. 无菌试验

随机向20支沙土管中的3支加入牛肉膏蛋白胨培养液，37℃恒温培养2～4 d，无杂菌长出方可使用，否则重新灭菌。

4. 制备菌液

用无菌移液管吸取适量无菌水（约3 mL）冲洗待保藏的菌种斜面，制成菌悬液。

5. 加样

吸取上述菌悬液0. 5 mL加入制备好的沙土管中，用接种环搅拌均匀。

6. 干燥

将装有保藏菌种的沙土管放入干燥器中，以 P_2O_5 作为干燥剂使其充分干燥。可轻轻拍动沙土管，若试管中的沙土呈分散状，即表明已充分干燥。

7. 保藏

沙土管可保藏于干燥器中，或用石蜡熔封后置于冰箱保存。

8. 恢复培养

挑取少量混有菌种的沙土，接种于固体斜面或液体培养基中培养。

沙土管保藏法适用于保藏能形成孢子的霉菌和放线菌，或可产生芽孢的细菌，但不能用于保藏营养细胞。保存时间为 2 年。

（四）甘油保藏法

1. 制备无菌甘油

取适量 80%甘油于三角瓶内，加棉塞外包牛皮纸，高压蒸汽灭菌（121℃湿热灭菌 30 min）后备用。

2. 制备菌液

用接种环取一环待保藏菌种至相应的液体培养基中，适温下振荡培养至对数期末期，如细菌可接种至牛肉膏蛋白胨培养液中，37℃振荡培养（或用适量生理盐水从试管斜面上洗下待保藏菌种的菌苔细胞，随后用无菌滴管轻轻吹打菌体，将其制成菌悬液）。

3. 滴加甘油

用无菌移液管吸取 0.5~1.5 mL 菌悬液至一支带有螺口密封圈盖的无菌试管中，再加入等量的无菌 80%甘油，旋紧管盖后振荡混匀。

4. 快速冷冻

将上述甘油菌悬液管移至液氮中速冻。然后移至-70℃以下保藏，一般细菌或酶母菌种可保藏 3~5 年。

注意事项：

① 采用石蜡油封藏法时，挑取菌种后的接种环因带有石蜡油和菌体，在火焰上灭菌前，应先在火焰边烤石蜡后再灼烧接种环，避免菌液四溅。

② 采用甘油保藏法保藏菌种时应特别注意菌体与甘油的充分混匀，菌体与甘油混匀后的冷冻应迅速，降低菌种的死亡率，取样时尽量避免反复冻融，可采取少量多管的保存方式。

五、实验结果分析

斜面传代保藏方法操作简单，但保藏的时间短且易受污染。石蜡油封藏法通过低温、减少氧气供应等方式延长菌种保藏时间。沙土管保藏法则是依托干燥和缺乏营养两个因素，达到延长孢子或芽孢的保藏时间。甘油保藏法除了降低温度来减弱微生物的代谢活动外，增加了甘油作为菌种保护剂，降低菌种的冻伤死亡率。

六、实验报告

① 试述菌种保藏的原理及注意事项。

② 记录各种菌种保藏方法的实验步骤，并比较各种菌种保藏方法的优缺点。

七、思考题

① 现有一株高产酪氨酸的霉菌菌株，试设计一个实验方案对该菌株进行保藏。
② 如何有效地防止菌种管棉塞受潮和杂菌污染？
③ 采用甘油保藏法对菌种进行保藏时及保藏期间的检测中应注意哪些环节？

第二篇

应用性实验

思政案例 2

专题一　食品发酵工艺

实验 13　乳酸菌的分离和泡菜制作

一、实验目的

① 了解乳酸菌的分离原理。

② 掌握乳酸菌的分离方法和操作步骤。

③ 了解日常生活中利用乳酸菌发酵腌制泡菜的原理及方法。

④ 掌握泡菜制作工艺流程及其各工艺流程操作要点。

二、实验原理

乳酸菌指发酵糖类主要产物为乳酸的一类无芽孢、革兰氏染色阳性细菌的总称，在自然界中普遍存在，其中绝大部分都是人体内必不可少的且具有重要生理功能的菌群，其广泛存在于人体的肠道中。乳酸菌作为一种存在于人类体内的益生菌，能够帮助消化，有助于人体肠脏的健康，因此常被视为健康食品，添加在酸奶中。以酸奶为原料，可从中分离得到乳酸菌。常用方法有平板划线法和平板涂布法。

分离培养时，一般可在培养基中添加番茄、酵母膏、吐温 80 等物质，以促进乳酸菌的发展；同时添加乙酸盐，以抑制某些细菌的生长，但对乳酸菌无害；此外，还应在培养基中加一些碳酸钙或酸碱指示剂溴甲酚绿（BCG）等，以鉴别分离出来的是否为乳酸菌菌落。乳酸菌产生的乳酸可溶解培养基中的碳酸钙在菌落周围形成透明圈，含 BCG 呈蓝绿色的培养基中乳酸菌产生的乳酸可使菌落及周围培养基呈黄色。

乳酸菌发酵食品作为一种营养保健食品已被广大消费者所接受，泡菜就是乳酸菌发酵生产的传统发酵食品。乳酸菌是很多种蔬菜上的附生微生物，虽经水将蔬菜表面洗净也不能将其去掉，这就是洗净的蔬菜仍可进行乳酸发酵的原因。泡菜的乳酸发酵一般可分为发酵初期（微酸）、发酵中期（酸化）和发酵后期（过酸）3 个阶段。由于蔬菜品种、配料浓度和质量的不同其发酵过程中对条件的要求有所不同。一般发酵条件是：起始发酵的 pH 为 7~8，加盐量为 5%~10%。最终产品的 pH 为 3.4 左右，乳酸含量为 1%左右。

三、实验材料与器具

1. 实验材料

① 市售品牌酸奶（1 瓶）。

② 牛乳营养琼脂培养基：脱脂乳粉，溴甲酚绿，酵母膏，琼脂。

③ 泡菜：食盐，蔬菜（萝卜或圆白菜）。

2. 实验器具

锥形瓶，量筒，移液管，烧杯或搪瓷缸，纱布，棉花，玻璃棒，pH 试纸，培养皿，电炉，天平，称量纸，药匙，标签纸，高压灭菌锅，泡菜坛，培养箱等。

四、实验方法

（一）酸奶中乳酸菌的分离

1. 制作 BCG 牛乳营养琼脂平板

① 取脱脂乳粉 10 g 溶于 50 mL 水中，加入 1.6%溴甲酚绿酒精溶液 0.01 mL，0.075 MPa 灭菌 20 min。

② 另取琼脂 2 g 溶于 50 mL 水中，加入酵母膏 1 g，溶解后调 pH 至 6.8，0.1 MPa 灭菌 20 min。

③ 趁热将①和②两部分在无菌条件下混合均匀，倒平板若干个，待冷凝后置 37℃培养 24 h。

2. 乳酸菌的初步分离

样品经稀释后取 10^{-7}、10^{-6} 两个稀释度的溶液各 0.1 mL，分别接种到上述琼脂平板上，用无菌涂布棒涂布均匀，43℃培养 48 h，如出现圆形稍扁平或半球状隆起的黄色菌落且周围培养基也为黄色的菌株可初步判定为乳酸菌。

3. 培养

将典型菌落转至 10%脱脂乳粉试管培养基中，43℃培养 8～48 h，若牛乳凝固、无气泡、呈酸性，则将其连续传代，挑选 3～24 h 能凝固的乳管，保存备用。

乳酸菌分离注意事项：

① 注意无菌操作，防止杂菌污染。

② 分离发酵微生物的培养时间不能过长，及时观察并及时移接长好的菌落。

（二）泡菜的制作

1. 5%盐水的配制

自来水 100 mL，食盐 5 g，放于烧杯中加热至沸腾，冷却待用。

2. 蔬菜准备

剔除蔬菜外层老叶、病斑和腐烂叶，将其切分，松散叶片，洗净，沥干表面水分（也可用凉白开清洗）。

3. 腌制

将沥干的菜放入泡菜坛内，装原料至坛口 8～10 cm 处，用筷子将原料卡住，注入配制好的盐水淹没材料，盖上坛盖，在水槽中注入水至水槽的 2/3 处。

4. 发酵

将坛置于阴凉处，自然发酵 5 d，期间每天检查一次水槽中的水，并及时补充水槽中的水。

泡菜制作注意事项：

① 制备泡菜的环境要卫生健康、阴凉通透，避免阳光直射和潮湿的环境。

② 泡菜坛用热水洗涤，避免杂菌污染。

③ 除去蔬菜有病害、质地粗老的部分，洗干净后沥干。蔬菜和食盐水的比例控制在1∶1~1∶1.5，食盐水切忌过满。

④ 盛放的容器要密闭，营造有利于乳酸菌厌氧发酵的环境。

五、实验结果分析

在 BCG 牛乳培养基琼脂平板上，乳酸菌菌落为 1~3 mm，圆形隆起，表面光滑或稍粗糙，呈乳白色、灰白色或暗黄色；在乳酸菌落周围还能产生碳酸钙的溶解圈。乳酸菌革兰氏染色呈阳性，涂片镜检细胞杆状或链球状。

六、实验报告

① 记录本实验配制的培养基的名称、配方，描述平板分离培养时不同的菌落形态特征。

② 试述泡菜发酵的工艺流程及注意事项。

七、思考题

① 从酸奶中分离乳酸菌要注意哪些因素?

② 酸奶一般是混菌发酵，混菌发酵有什么好处?

③ 泡菜制作方法不当，很容易造成泡菜变质，甚至发霉变味，试分析可能的原因。

实验 14　乳酸菌饮料的制作及乳酸菌活力的测定

一、实验目的

① 学习乳酸菌饮料的制作方法及工艺。

② 了解食品有益微生物在食品加工中的应用及作用。

③ 掌握乳酸菌活力测定的方法。

二、实验原理

乳酸菌饮料是一种发酵型的酸性含乳饮料，通常以牛乳或乳粉、植物蛋白乳（粉）、果蔬菜汁或糖类为原料。牛乳中的乳糖在乳糖分解酶的作用下产生乳酸，牛乳在乳酸的作用下，其蛋白质发生凝固。将凝固的牛乳破碎，添加乳化剂、增稠剂及调味物质等辅料，经均质灌装、杀菌等工艺，生产具有乳酸菌发酵特征的饮料。也可对蔬菜及果汁进行乳酸菌发酵，生产乳酸菌饮料。

三、实验材料与器具

1. 实验材料

① 原材料：新鲜牛乳，酸度不高于 20°T。

② 菌种：乳酸链球菌（*Streptococcus lactis*），德氏乳杆菌保加利亚亚种（*Lactobacillus delbruecckii* subsp. *Bulgaricus*）。

③ 试剂：蔗糖，白砂糖，果汁，羧甲基纤维素钠（CMC-Na），黄原胶，海藻酸丙二醇酯（PGA），番茄汁，酵母抽提液，肉膏。

2. 实验器具

150~200 mL 塑料杯，恒温培养箱，温度计，pH 计，塑料杯封口机，均质机等。

四、实验方法

（一）牛乳种子液的制备及灭菌

1. 牛乳杀菌

生产发酵剂的牛乳占发酵牛乳的 5%，将新鲜牛乳或脱脂牛乳装入三角瓶中，装入的牛乳以占三角瓶总体积的 2/3 为宜，90℃，灭菌 30 min。

2. 牛乳冷却

将杀菌后的牛乳及时冷却到适合菌种生长发酵的温度，一般以 40~43℃ 为佳。

（二）发酵剂的制备

1. 接种

将活化菌种接种到冷却的牛乳中，每一阶段的接种操作都在无菌操作台上进行，严密防止杂菌污染。一般在活力正常的情况下接种量可为2%。

2. 恒温培养

接种后，一般在40～43℃条件下恒温培养，酸度为100°T（0.99%乳酸）～125°T（1.125%乳酸）时即可。培养时间一般为16 h，测量酸度达到后立即冷却。

3. 冷却

培养达到要求的酸度后应立即冷却到10～12℃。若不马上使用该发酵剂，应在5℃下保存，以保持活力。

（三）酸奶制作

1. 牛乳处理

将牛乳装入加热容器，采用90～95℃，进行加热处理5～10 min，处理之后的牛乳需经过冷却达到40～43℃，适合后期接种。

2. 接种

将已培养好的发酵剂接种到牛乳中，接种量一般为2%。

3. 恒温培养

接种后，一般在38～42℃条件下恒温培养，培养时间一般为2.5～3.5 h。凝固终点判断：酸度为65～70°T，pH为4.2～4.5。

4. 冷却

培养达到要求的酸度后应立即冷却到2～6℃。

（四）乳酸菌饮料生产

1. 基本配方

酸奶40%，蔗糖14%，稳定剂0.5%（CMC－Na 0.375%，PGA 0.125%），香料0.05%，水45.45%。根据实验条件可减少水的添加量，用部分果汁、蔬菜汁代替水，但酸性果汁（橙汁）添加量不宜超过10%。

2. 稳定剂的制备

将白砂糖和稳定剂充分混合，添加部分水，加热溶解，保证白砂糖和稳定剂充分溶解。

3. 酸乳破碎

采用搅拌的方式将酸乳破碎。

4. 添加配料及均质

在破碎的酸乳中添加溶解的糖浆和稳定剂，并充分搅拌混合，再加入剩余的水或果蔬汁。在10 MPa的压力下均质，产品的稳定性较高。若实验室无均质机，可使用搅拌机快速搅拌均匀，但稳定性较差。

5. 杀菌及罐装

采用90℃、30 min杀菌处理即可，采用塑料杯密封罐装。其中，发酵性含乳饮料按照是否杀菌分为活性乳酸菌饮料和非活性乳酸菌饮料。活性乳酸菌饮料制作中，水（果蔬汁）添加前杀菌。

（五）乳酸菌活力的测定

1. 改良番茄汁培养基的配制

① 配方：番茄汁 50 mL，酵母抽提液 5 g，肉膏 10 g，乳糖 20 g，葡萄糖 2 g，K_2HPO_4 2 g，吐温 80 1 g，乙酸钠 5 g，琼脂 15 g，水 1000 mL，pH 6. 8±0. 2（用 10 mol/L 的氢氧化钠调节）。

② 番茄汁的制作：将新鲜番茄洗净，切碎（切勿捣碎），放入三角烧瓶，置 4℃冰箱 8~12 h，取出后用纱布过滤即成。若一次未使用完，可将其置 0℃冰箱，保质期为 4 个月，使用时在常温下自然溶解。

③ 培养基的配制：将所有成分加入蒸馏水中，加热溶解，pH 为 6. 8±0. 2。分装烧瓶，进行灭菌处理（121℃，5~10 min），冷却至 50℃时，倒平板，备用。

2. 乳酸菌饮料稀释

用 1 mL 无菌吸管吸取 1 mL 乳酸菌饮料沿管壁徐徐注入含有 9 mL 灭菌生理盐水的标号 10^{-1}试管内，再取 1 mL 灭菌吸管，按上述操作顺序，做 10 倍递增稀释液，每递增一次，换用 1 支 1 mL 灭菌吸管。稀释到所需倍数即可。

3. 培养

用 1 mL 灭菌吸管吸取乳酸菌饮料的 10^{-5}、10^{-6}、10^{-7}三个梯度稀释液 1 mL，分别移入培养皿后，涂布均匀。用 1 mL 稀释液用的灭菌生理盐水做空白对照。上述操作完成后，将平板倒置于 37℃恒温培养箱中培养（72±3）h。

4. 观察计数

观察乳酸菌菌落特征，选取菌落数在 30~300 的平板进行计数。本次实验选取乳酸菌菌落容易计数的平板进行计数（乳酸菌菌落形态：圆形，表面光滑，中央凸起或者扁平的乳白色和乳黄色菌落）。

$$1\ \text{mL 检样中乳酸菌数（CFU/g 或 CFU/mL）} = (N_1+N_2+N_3)\times A/3$$

式中：N_1、N_2、N_3——平行培养皿中乳酸菌落个数；

A——稀释倍数。

五、实验结果分析

发酵型乳酸菌饮料色泽呈均匀一致的乳白色，稍带微黄，其口感细腻、甜度适中、酸而不涩，具有乳酸菌饮料应有的滋味和气味。形状呈乳浊状，均匀一致不分层，允许少量沉淀，无气泡，无异味。未杀菌乳酸菌饮料中乳酸菌活菌数≥10^6 CFU/mL。

六、实验报告

① 结合实验总结乳酸菌饮料的加工工艺。

② 试述乳酸菌活性测定的方法。

七、思考题

① 乳酸菌发酵中牛乳发生凝固的原理是什么？

② 论述稀释涂布法的优缺点。

实验 15　酒曲中根霉菌的分离及甜酒酿的制作

一、实验目的

① 了解酒曲中根霉菌的分离原理。

② 掌握酒曲中根霉菌的分离方法，观察根霉菌的菌落形态特征和细胞形态。

③ 学习和掌握甜酒酿的酿制方法。

二、实验原理

酒曲是指白米在经过强烈蒸煮之后，移入曲霉的分生孢子，然后进行适当保温，米粒上便会茂盛地生长出菌丝，此即酒曲。酒曲是用来发酵的酿酒原料，含有丰富的微生物和特有霉类。酒曲微生物区系分为霉菌（糖化）、细菌（产香）和酵母菌（发酵），其中根霉菌为起到糖化作用的主要微生物，它不但含有丰富的淀粉酶还含有酒化酶，在发酵过程中还能产生有机酸，因此根霉菌的种类、发酵特性对于产品的风味、品质具有重要意义。定期从酒曲中筛选优良的根霉菌，保证菌种的优良发酵性能，保证生产正常进行。

根霉在人工培养基或自然基物上生长时，菌丝体向空间延伸，遇光滑平面后营养菌丝体形成匍匐枝，节间产生假根，假根处匍匐枝上着生成群的孢子囊梗，柄顶端膨大形成孢子囊，囊内产生孢子囊孢子。利用此生长特性和形态特性判断根霉菌，再挑取单个孢子囊孢子进行纯化。马铃薯葡萄糖培养基（PDA）被广泛用于培养霉菌和酵母菌，它是半合成培养基。

三、实验材料与器具

1. 实验材料

分离源：小曲或米酒酒药。

PDA 培养基制备材料：马铃薯，葡萄糖，琼脂。

其他试剂：无菌水，乳酸石炭酸棉染液。

甜酒酿制作材料：糯米，酒药。

2. 实验器具

三角瓶，培养皿，试管，接种环，涂布棒，试管，载玻片，显微镜，蒸车，滤布等。

四、实验方法

（一）酒曲中根霉菌的分离

1. PDA 培养基的配制

① 培养基的配方：马铃薯 200 g，葡萄糖 20 g，琼脂 15~20 g，水 1000 mL，pH 自然。

② 培养基的配制：将马铃薯去皮，切成块煮沸半小时，然后用纱布过滤备用。称取

20 g葡萄糖和4 g琼脂与适量水放于三角烧瓶中加热溶解，待溶化后补足水至1000 mL并加入马铃薯充分搅匀。按实验要求取适量配制的培养基分装在试管内用于纯化培养，装量宜不超过管高的1/5，培养基分装后，在试管口塞上棉塞，灭菌后制成斜面。将全部培养基在121℃高压蒸汽灭菌20 min。将灭菌的试管培养基冷却至50℃左右（以防斜面上冷凝水太多），将试管口端放在玻璃棒或者合适高度的器具上，搁置的斜面长度以不超过试管总长度的一半为宜。

2. 分离培养鉴定

① 倒平板：将马铃薯培养基冷却至55~60℃均匀地倒入平板，待培养基凝固，备用。其中，将灭菌培养基放入37℃的温室中培养24~48 h，以检查灭菌是否彻底。

② 酒曲稀释液的制备：称取酒曲样10 g，放入盛90 mL无菌水并带有玻璃珠的三角烧瓶中，振荡约20 min，使细胞分散。用一支1 mL无菌吸管吸取1 mL酒曲悬液加入盛有9 mL无菌水的大试管中充分混匀，此为10^{-2}稀释液，按上述步骤，制成10^{-3}、10^{-4}、10^{-5}和10^{-6}四种稀释度的酒曲稀释液。

③ 涂布培养：用无菌吸管分别由10^{-4}、10^{-5}和10^{-6}的酒曲稀释液中吸取0.2 mL滴入平板中央，用无菌玻璃涂棒在培养基表面轻轻地涂布均匀，使细胞尽量地分散存在，温室下静置5~10 min后，将平板倒置于28℃下培养3~5 d。

④ 转接纯化：对平板上长出的典型菌落进行制片镜检，然后根据霉菌的形态特征和细胞形态，选择数个根霉菌的单菌落分别接种于斜面试管中，28℃培养3~5 d。将培养后长出的单个菌落挑取少许菌苔接种在平板上，采用平板划线的方法进行纯化。

⑤ 霉菌的制片：滴1滴乳酸石炭酸棉蓝染液于载玻片上，用镊子从根霉马铃薯琼脂培养物中取丝，先放入50%乙醇中浸泡一下，洗去脱落的孢子，然后置于染液中，用解剖针小心将菌丝分开，去掉培养基，盖上盖玻片，用低倍镜和高倍镜镜检。

（二）甜酒酿的制备

1. 浸泡

将糯米洗净，浸泡24 h，至可以用手碾碎即可。

2. 蒸饭

将浸泡好的糯米直接放入电饭锅内蒸煮。

3. 凉饭

将蒸好的糯米端离蒸锅，凉至室温（夏季26℃）。

4. 搭窝

将曲粉加凉白开水，研磨细后，均匀地撒在糯米上，然后用筷子翻动，搅拌均匀。将拌好酒药的米饭装入容器后（不能压太紧），将饭粒搭成中心下陷的凹窝（中间低、周围高），饭面和凹窝中均匀撒上少许酒药，倒入少量的冷开水，盖上盖子或保鲜膜。

5. 发酵成熟

将烧杯于30℃左右的恒温培养箱中培养24~48 h，若米饭变软，表示已糖化好；若有酒香味，表示已有酒精和乳酸，即可停止保温。

注意事项：

① 拌酒曲一定要在糯米凉透以后。

② 一定要密闭好。否则会又酸又涩。

③ 温度 30~32℃最好。

④ 一切东西都不能沾生水和油。

五、实验结果分析

甜酒酿的发酵是一个边糖化边发酵的过程，除了生成酒精外，还会生成水分、可发酵性糖、有机酸、高级醇等，随着发酵情况的不同，这几种成分的含量也会不同，故产品会有甜、酸、苦、涩等气味。

六、实验报告

① 记录分离得到的根霉菌的菌落特征，并绘制镜检的根霉细胞形态。

② 记录糯米甜酒酿的外观、色、香、味和口感。

③ 试述甜酒酿制作的工艺流程及注意事项。

七、思考题

① 如何才能得到纯化的优良菌株?

② 论述稀释涂布法的优缺点。

③ 如果发现制成的酒酿上有白花花的毛状物，是否意味着污染了杂菌?

实验 16　黑曲霉的柠檬酸发酵

一、实验目的

① 了解利用黑曲霉生产柠檬酸的原理。

② 掌握柠檬酸发酵的发酵条件及发酵过程步骤。

二、实验原理

柠檬酸（又称枸橼酸，化学式为 $C_6H_8O_7$）是发酵法生产有机酸中最重要的产品之一，世界上约 99%的柠檬酸都是通过发酵法生产。1893 年前，人们主要从柑橘、菠萝和柠檬等果实中制取柠檬酸。1893 年后发现微生物可产生柠檬酸，1951 年美国 Miles 公司首先采用深层发酵法生产柠檬酸。我国在 20 世纪 40 年代初期开始浅盘发酵生产柠檬酸，20 世纪 60 年代开始采用薯干粉直接深层发酵法生产柠檬酸。

能够产生柠檬酸的微生物很多，青霉、毛霉、木霉、曲霉、葡萄孢菌及酵母菌中的一些菌株都能够利用淀粉质原料或烃类大量积累柠檬酸。其中，黑曲霉产柠檬酸多，耐酸力强，pH 为 1.6~1.7 时尚能生长，且酸度大时产生葡萄糖酸、草酸等副产物较少。目前国内外普遍采用黑曲霉的糖质原料发酵生产柠檬酸。

黑曲霉发酵法生产柠檬酸是黑曲霉生长繁殖时产生的淀粉酶、糖化酶首先将淀粉转变为葡萄糖，葡萄糖经过酵解途径（EMP）和戊糖磷酸（HMP）途径转变为丙酮酸，丙酮酸由丙酮酸氧化酶氧化生成乙酸和 CO_2，继而经乙酰磷酸形成乙酰辅酶 A，然后在柠檬酸合成酶（柠檬酸缩合酶）的作用下生成柠檬酸。

三、实验材料与器具

1. 实验材料

菌种：黑曲霉。

培养基成分：蔗糖，NH_4NO_3，KH_2PO_4，$MgSO_4 \cdot 7H_2O$，$FeCl_3 \cdot 6H_2O$，$MnSO_4 \cdot 4H_2O$，麦芽汁。

其他试剂：0.1429 mol/L NaOH，1%酚酞试剂，斐林甲、乙溶液，0.01%标准葡萄糖溶液。

2. 实验器具

15 mL 试管，100 mL 三角瓶，2000 mL 烧杯，500 mL 三角瓶，离心管若干。

四、实验方法

1. 培养基的配制

称取蔗糖 140g，NH_4NO_3 2g，KH_2PO_4 2g，$MgSO_4 \cdot 7H_2O$ 0.25g，$FeCl_3 \cdot 6H_2O$ 0.02g，

$MnSO_4 \cdot 4H_2O$ 0.02g，麦芽汁 20 mL，用水定容至 1000 mL。分装，121℃下灭菌 15 min。

2. 接种培养

活化的黑曲霉孢子（约 0.5%）接种入培养基中，在 33~36℃、200~300 r/min 的摇床中 20 h 左右，菌丝球为致密形的，菌球直径不应超过 0.1 mm，菌丝短，且粗壮，分支少，瘤状，部分膨胀为优（注：进行下一步操作前应用显微镜检测菌球的生长状况，若菌丝细长则说明黑曲霉已经提前进入柠檬酸发酵时期，会导致后期的柠檬酸产量降低）。

3. 还原糖和柠檬酸的检测

发酵 0、24 h、48 h、72 h 时分别各取下两瓶检测还原糖（残糖）、柠檬酸含量，以观察发酵过程中黑曲霉的耗糖与柠檬酸的生成速率。总糖及残糖（还原糖）测定采用斐林试剂法。

柠檬酸的测定（一般检测发酵过程中的总酸）采用滴定法，将过滤液充分摇匀，用吸管吸取 10 mL 放入 150 mL 三角瓶中，加 2 滴酚酞指示剂，用 0.1 mol/L NaOH 滴定酸度。对照也按同法滴定。二者消耗 NaOH 毫升数的差额乘以 0.64，即得柠檬酸（g/L）的大约数。

计算公式为：

$$C_{柠檬酸} = \frac{C_{NaOH} \times (V_{滴定发酵液} - V_{滴定对照}) \times 10^{-3}}{3 \times 10 \times 10^{-3}} \times 192$$

式中：$C_{柠檬酸}$——柠檬酸的质量浓度，g/L；

C_{NaOH}——NaOH 标准溶液浓度，mol/L；

$V_{滴定发酵液}$——滴定发酵液所用的 0.1 mol/L NaOH 标准溶液体积，mL；

$V_{滴定对照}$——滴定对照所用的 0.1 mol/L NaOH 标准溶液体积，mL。

五、实验结果分析

实验结果分析见表 16-1。

表 16-1　实验结果分析

发酵时间/h	菌丝形态	pH
0	无	7.0~8.0
24	少量，不明显	6.0~7.0
48	少量，丝绒状	4.0~5.0
72	多，小球状	3.0~4.0

六、实验报告

① 根据不同发酵时间，记录本实验测定的还原糖及柠檬酸含量。

② 试以发酵时间为横坐标，以糖消耗量、柠檬酸生成量、糖酸转化率为纵坐标作图，说明三者随发酵时间的变化，并加以分析。

七、思考题

① 影响黑曲霉发酵生产柠檬酸的因素有哪些？

② 若要提高柠檬酸发酵产量和发酵的糖酸转化率，应再考虑设计哪些实验？

实验 17　纳豆的制作

一、实验目的

① 理解纳豆的制作原理。

② 掌握纳豆制作工艺。

二、实验原理

纳豆源于中国，由黄豆通过纳豆菌（又称纳豆芽孢杆菌，*Bacillus natto*）发酵制成的一种具有特殊口味的豆制品。成熟的纳豆具有豆香气味，表面覆盖有一层白色菌膜，豆粒色泽光亮，湿润，呈褐黄色，挑起时有长长的苍白色、乳白色和丰富拉丝样黏性物质。

纳豆含有黄豆全部营养和发酵后增加的特殊养分，含有丰富的氨基酸、蛋白酶、多种维生素、抗菌肽、超氧化物歧化酶等物质，具有助消化、降血压、整肠抗菌、抗氧化、抗肿瘤等作用。特别是纳豆含有的纳豆激酶（丝氨酸蛋白酶），能显著溶解体内外血栓，已被制成药品用于预防和治疗心脑血管梗塞等疾病。

三、实验材料与器具

1. 实验材料

原材料：大豆。

菌种：纳豆菌。

其他试剂：食盐，白糖，调味料等。

2. 实验器具

不锈钢盘，蒸锅，罐头瓶，高压锅，恒温培养箱等。

四、实验方法

1. 浸泡蒸煮

选取小粒（直径 6 mm）、颗粒饱满的新鲜大豆。将大豆充分清洗后，加入 3 倍量的水浸泡。浸泡时间是夏天 8～12 h，冬天 20 h。将浸泡好的大豆放进蒸锅内蒸 2～3 h，或放进高压灭菌锅内 121℃处理 20～30 min，蒸到大豆可以用手捏碎的程度。

2. 纳豆菌接种

将蒸煮好的大豆冷却至 60℃，按 1 mL/kg 大豆接入活化后的纳豆菌种，搅拌均匀，分装在不锈钢盘里，厚度大约 2 cm，上面铺上干净的纱布，维持湿度，同时使其充分接触空气，因为纳豆菌是嗜氧菌。

3. 发酵

将不锈钢盘转入 37～42℃恒温培养箱发酵 20～24 h，箱内湿度应控制在 85%～90%。

也可以在30℃以上的自然环境中发酵，时间适当延长。发酵好的纳豆豆香浓郁，稍有氨味属正常现象，但若氨味过于强烈，则可能受杂菌污染。

4. 冷藏后熟

发酵好的纳豆放入4℃冰箱中保存24~48 h后熟，后熟后呈现纳豆特有的黏滞感、拉丝性、香气和口味。纳豆食用时可根据各人口味，添加食盐、酱油、辣油等调味料。纳豆在食用前应保持在10℃以下，以免孢子二次萌发。

五、实验结果分析

按表17-1对纳豆进行感官评定。

表17-1　感官评定

项目	标准
颜色	淡黄色到茶色
香气	具有纳豆特有的香气，无异味
滋味	具有纳豆特有的滋味，无异味
组织形态	黏性强，拉丝状态好，豆粒软硬适中，无异味

六、实验报告

① 你制作的纳豆成功吗？色泽如何？口味如何？

② 结合实验总结纳豆的加工工艺。

③ 根据纳豆的风味评价结果，总结纳豆制作过程中的注意事项。

七、思考题

① 发酵好的纳豆为什么要低温冷藏？

② 纳豆制作的基本环节有哪些？需要注意的细节是什么？

③ 若出现纳豆丝变少或产生苦味的现象，请分析原因。

实验 18　酱油种曲中米曲霉孢子数的计数及酱油酿制

一、实验目的

① 掌握应用血细胞计数板测定孢子数的方法。

② 学习酱油发酵的原理。

③ 掌握米曲霉的固态培养技术和酱油制曲、发酵、浸出（淋油）的操作技术。

二、实验原理

种曲是成曲的曲种，也是保证成曲的关键，还是酿制优质酱油的基础。种曲是米曲霉试管菌种，经过试管扩大菌种、三角瓶扩大菌种后，培养得到的用于制作大曲的曲料。种曲质量要求之一是含有足够量的孢子数，必须达到6×10^{9}个/g（干基计）以上。

在酿造工业中，测定米曲霉孢子计数的方法一般为传统稀释平板法和血细胞计数板等方法。本实验采用的血细胞计数法是在显微镜下直接计数，是一种常用的细胞计数方法。此法将孢子悬浮液放在血细胞计数板与盖片之间的计数室中，根据显微镜观察到的孢子数目来计算单位体积的孢子总数。

酿造酱油是指以蛋白质原料和淀粉质原料为主料，经微生物发酵制成的具有特殊色泽、香气、滋味和体态的调味液。酱油原料中蛋白质经过米曲霉所分泌的蛋白酶作用，分解成多肽、氨基酸。淀粉经过米曲霉分泌的淀粉酶的糖化作用，分解成糊精和葡萄糖。另外，来自发酵环境中的酵母菌、乳酸菌和醋酸菌作用于酱醅，产生乙醇、乳酸和其他有机酸等，形成酱油特有的风味。

三、实验材料与器具

1. 实验材料

计数样品：酱油种曲。

菌种：米曲霉（*Aspergillus oryzae*）。

酿造原料：豆粕（或豆饼），麸皮，面粉，食盐。

斜面培养基：5°Bé 豆粕汁 100 mL，$(NH_4)_2SO_4$ 0.05g，KH_2PO_4 0.1 g，$MgSO_4\cdot H_2O$ 0.05 g，可溶性淀粉 2 g，琼脂 2 g，pH 自然，121℃灭菌 15 min。

5°Bé 豆粕汁：豆粕加 5 倍水煮沸 1 h，边煮边搅拌，然后过滤。每 100 g 豆粕可制得豆粕汁 100 mL，浓度 4～5°Bé。

其他试剂：乙醇，10%稀硫酸。

2. 实验器具

试管，三角瓶，盖玻片，涡旋仪，血细胞计数板，电子天平，恒温培养箱，不锈钢盘，温度计，pH 计，显微镜等。

四、实验方法

（一）酱油种曲中米曲霉孢子的计数

1. 样品稀释

称取种曲 1 g（精确至 0.002 g），倒入盛有玻璃珠的 250 mL 三角瓶内，加入 95%乙醇 5 mL，无菌水 20 mL，10%稀硫酸 10 mL，在涡旋仪上充分振荡，使米曲霉孢子充分散开。然后用 3 层纱布过滤，无菌水反复冲洗，最后稀释至 500 mL。

2. 准备计数板

取洁净干燥器的血细胞计数板，盖上盖玻片，用无菌滴管取 1 滴孢子稀释液，滴于盖玻片的边缘，滴液自行渗入计数室，避免气泡的产生。用吸水纸吸干多余的稀释液，静止 5 min，待孢子沉降。

3. 计数

使用 16×25 规格的计数板，用低倍镜或高倍镜观察，只计计数室 4 个角上的 4 个中格（100 个小格），若使用 25×16 规格的计数板时，除 4 个角上的 4 个中格外，还需要计中央一个格的数目（80 个小格）。每个样品观察 2~3 次，取平均值。

4. 计算

① 16×25 规格计数板：　$X=(N_1/100)\times400\times10^4\times(V/m)$

② 25×16 规格计数板：　$X=(N_2/80)\times400\times10^4\times(V/m)$

式中：X——种曲孢子数，个/g；

N_1——100 小格内孢子总数，个；

N_2——80 小格内孢子总数，个；

V——孢子稀释液体积，mL；

m——样品质量，g。

注意事项：

① 实验中，称样品时要尽量防止孢子飞扬。

② 样品稀释要符合要求，避免孢子集结成团或成堆。

（二）酱油酿造

1. 种曲制备

① 种曲制备工艺流程。原料→加水混合→灭菌→冷却→接种→培养→种曲。

② 试管斜面菌种培养。将原菌种接种于试管斜面培养基上，30℃恒温培养 3 d，斜面上长满黄绿色孢子，且无杂菌污染。

③ 三角瓶种曲培养。将麸皮、面粉、水按比例 4∶1∶4 混合均匀，分装于三角瓶中，料厚 1 cm 左右，在 0.1 MPa 压力下灭菌 30 min 后，冷却备用。将试管斜面菌种接种于三角瓶培养基中，摇匀，30℃条件下培养。约经 18 h 后，出现白色菌丝，有枣香味并结块，摇瓶一次，将结块摇碎，继续培养。再过 4 h 左右，曲料结块，再摇瓶一次，经过 2 d 培养，把三角瓶倒置，继续培养待全部长满绿色孢子，即可使用。若需要保存较长时间，可在 37℃温度下烘干于阴凉处保存。

2. 制成曲

① 成曲制备工艺流程。豆饼→粉碎→润水→混合→蒸煮→冷却→接种→通风培养→

成曲。

② 原料处理。以豆饼、小麦、麸皮为原料，用料比 60：20：20，混合后，加入 45%~51%的水于 0.08~0.14 MPa 的压力下灭菌 15~30 min。

③ 通风制曲。将处理后的原料倒入用 75%乙醇消毒的瓷盘中摊冷，冷却到 40℃左右，接入 0.3%的三角瓶种曲，搅匀后，盖上湿纱布，在 32℃下培养。培养约 6 h，当品温上升到 37℃左右时，开始通风，使品温保持在 35℃左右。当曲料面层稍有发白结块，进行一次翻曲，此后过 4~6 h，再进行第二次翻曲。约经 18 h 培养，孢子开始形成，制曲时间一般以 16~22 h 为宜。

3. 酱油发酵

① 发酵工艺流程。成曲→粉碎→拌盐水→入发酵容器→保温发酵→成熟酱醅。

② 配制盐水。食盐溶解后，用波美表测定浓度，并根据当时温度调整到规定浓度（12~13°Bé）。一般经验是 100 kg 水加盐 1.5 kg 左右得 1°Bé 盐水。

③ 制醅。将成曲搓碎，拌入 300 mL、55℃且 12~13°Bé 的盐水，使原料含水量达到 50%~60%（包括成曲含水量 30% 在内），充分拌匀后装入标本缸中，稍压紧，在醅面加约 20 g 的封口盐，盖上盖子。

④ 发酵。将制好的酱醅于 40℃恒温箱中发酵 4~5 d，然后升温到 42~45℃继续发酵 8~10 d。整个发酵期为 12~15 d。

4. 浸提

① 浸提工艺流程。

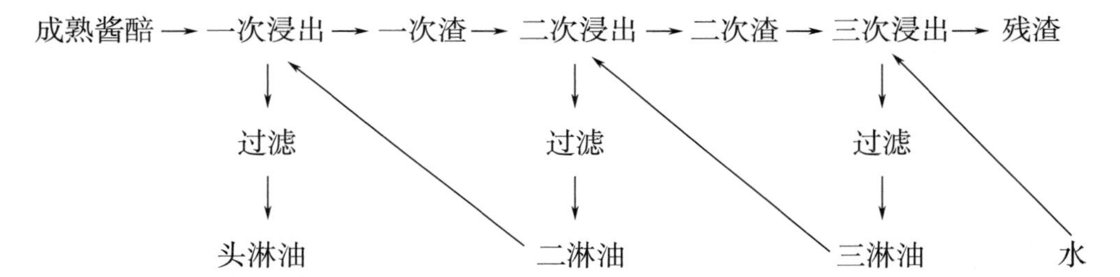

② 三套循环淋油法。

将二淋油加热至 70~80℃（若无二淋油可用热水代替），注入成熟酱醅中，加水量一般为原料用量的 5 倍。温度保持在 55~60℃，浸泡 20 h，滤出头油。头油调节含盐量在 16%以上。向头渣中加入 80~85℃的三淋油（若无三淋油用热水代替），浸泡 8~12 h，滤出二淋油，再用热水浸泡二次渣 2 h，滤出三淋油。二淋油、三淋油用于下一批的浸提油。

5. 加热及配制

将淋出的油加热至 65~70℃，维持 30 min。按照统一的质量标准进行配兑。根据产品的类别不同，可在普通酱油的基础上，添加助鲜剂、甜味剂及其他某些辅料，配制成各种新鲜的酱油。

五、实验结果分析

① 正确区分孢子的发芽和不发芽状态。

② 培养前要检查调整孢子接入量，以每个视野含孢子数 10~20 个为宜。

六、实验报告

① 观察血细胞计数板，记录每格中的孢子数，通过公式计算出每克种曲样品中米曲霉孢子数。

② 观察和品尝各组酱油，记录各组饮料色、香、味的差异，并进行分析。

③ 总结酱油生产原理及制作工艺。

七、思考题

① 用血细胞计数板孢子计数有什么优缺点?

② 描述酱油大曲培养过程中的变化。

③ 从酱油发酵工艺和原料的选择叙述降低酱油含盐量的技术措施。

专题二　食品微生物检验

实验 19　食品接触面的微生物检验

一、实验目的

① 了解检测食品接触面的微生物检验指标。

② 掌握检验操作人员手部以及与食品有直接接触面的机械设备的微生物检验方法。

③ 了解食品接触面的微生物检验结果对监控生产区域环境中病原微生物的意义。

二、实验原理

食品接触面是指生产过程中与所生产食品直接接触的设备、工器具、人、水、空气、包材等；或间接接触的门把手、电源开关等。食品接触面参考《一次性使用卫生用品卫生标准》（GB 15979—2002）附录 E 生产环境采样与测试方法。

三、实验材料与器具

乳糖胆盐培养基，EMB 培养基，营养琼脂，无菌棉球，无菌水，酒精棉球，酒精灯，镊子。

四、实验方法

（一）工人手的检验

1. 样品采集

被检人双手五指并拢，用一浸湿生理盐水的棉签在右手指曲面，从指尖到指端来回涂擦 10 次，然后剪去手接触部分棉棒，将棉签放入含 10 mL 灭菌生理盐水的采样管内。

2. 菌落总数的检测

将已采集的样品在 6 h 内送实验室，每支采样管充分混匀后取 1 mL 样液，放入灭菌培养皿内，倾注营养琼脂培养基，每个样品平行接种两块平皿，置(36±1)℃培养 48 h，计数平板上菌落数。工人手表面菌落总数（Y）计算公式如下：

$$Y=A\times10$$

式中：Y——工人手表面菌落总数，CFU/只手；

A——平板上平均菌落数，CFU。

3. 大肠菌群的检测

每支采样管充分混匀后取 1 mL 样液，分别放入 10 mL 乳糖胆盐发酵管中，每个样品平行接种 3 管，置(36±1)℃培养 24 h。如所有发酵管都不产气，则可报告为大肠菌群阴性；如有产气者，则按下列程序进行。

① 分离培养：将产气的发酵管用接种环分别以划线法转接于伊红美兰琼脂（EMB）平板上，置(36±1)℃温箱内，培养 18~24 h，取出观察菌落形态。

② 证实试验：在每个平板上，挑取可疑菌落（紫黑色或淡紫红色，有或略有或没有金属光泽的菌落）1~2 个进行革兰氏染色镜检，同时接种乳糖发酵管，置(36±1)℃培养(24±2) h 进行复发酵试验，观察产气情况。凡乳糖管产气、革兰氏染色为阴性的芽孢杆菌即可报告为大肠菌群阳性。

4. 金黄色葡萄球菌检测

按《食品安全国家标准　食品微生物学检验　金黄色葡萄球菌检验》（GB 4789. 10—2016）的规定进行。

① 定性检测：取 1 mL 稀释液注入灭菌的平皿内，倾注 15~20 mL 的 B-P 培养基，(或吸取 0. 1 稀释液，涂布于表面干燥的 B-P 琼脂平板)，放进(36±1)℃的恒温箱内培养(48±2) h。从每个平板上至少挑取 1 个可疑金黄色葡萄球菌的菌落做血浆凝固酶试验。B-P 琼脂平板的可疑菌落做血浆凝固酶试验为阳性，即报告手（工器具）上有金黄色葡萄球菌存在。

② 定量检测：以无菌操作，选择 3 个稀释度各取 1 mL 样液分别接种到含 10%氯化钠胰蛋白胨大豆肉汤培养基中，每个稀释度接种三管，置于(36±1)℃的恒温箱内培养 48 h。划线接种于表面干燥的 B-P 琼脂平板，(36±1)℃ 培养 45~48 h。从 B-P 琼脂平板上，挑取典型或可疑金黄色葡萄球菌菌落接种肉汤培养基，(36±1)℃ 培养 20~24 h。取肉汤培养物做血浆凝固酶试验，记录试验结果。根据凝固酶试验结果，查 MPN 表报告每只手的金黄色葡萄球菌值。

（二）设备、器具等的检验

1. 样品采集

将面积为 25 cm^2的大肠菌群检测纸片用无菌水浸湿后立即贴于被检物表面，每份检样贴 2 张，30 s 后取下，置于无菌塑料袋中。

2. 菌落总数的检测

同工人手的检验。

3. 大肠菌群的检测

同工人手的检验。

4. 致病菌检验

金黄色葡萄球菌检验参考《食品安全国家标准　食品微生物学检验　金黄色葡萄球菌检验》（GB 4789. 10—2016），铜绿假单胞菌检验参考《食品安全国家标准　饮用天然矿泉水检验方法》（GB 8538—2022）中第 57 项 铜绿假单胞菌检验，溶血性链球菌检验参考《食品安全国家标准　食品微生物学检验　β 型溶血性链球菌检验》（GB 4789. 11—2014）。

注意事项：

① 采样时，擦拭时棉签要随时转动，保证擦拭的准确性。对每个擦拭点应详细记录所在分场的具体位置、擦拭时间及所擦拭环节的消毒时间。

② 采样后必须尽快对样品进行相应指标的检测，送检时间不得超过 6 h，若样品保存

于 0~4℃条件，送检时间不得超过 24 h。

五、实验结果分析

实验结果分析见表 19-1。

表 19-1　食品接触面微生物验证标准

<table>
<tr><th>序号</th><th colspan="2">验证对象</th><th>菌落总数</th><th>大肠菌群</th><th>验证频率</th></tr>
<tr><td>1</td><td colspan="2">生产用水、冰</td><td>≤ 10 CFU/mL</td><td><30 MPN/100g</td><td>每月 1 次</td></tr>
<tr><td>2</td><td rowspan="6">食品接触面</td><td>工作人员手</td><td>≤ 100 CFU/只手</td><td>不得检出</td><td rowspan="6">每月 2 次，
随机抽样；
每次不少于
3 个样品</td></tr>
<tr><td>3</td><td>工作服</td><td>≤100 CFU/cm^2</td><td rowspan="4">—</td></tr>
<tr><td>4</td><td>设备、工器具</td><td>清洁区 ≤ 5 CFU/cm^2
非清洁区≤ 10 CFU/cm^2</td></tr>
<tr><td>5</td><td>车间空气（沉降菌）</td><td>菌落总数 ≤ 30
CFU/30 min</td></tr>
<tr><td rowspan="2">6</td><td>包装材料（内表面）</td><td>≤ 10 CFU/cm^2</td></tr>
<tr><td>车间空气</td><td colspan="2">霉菌不得检出</td></tr>
<tr><td></td><td colspan="2">其他</td><td colspan="2">致病菌不得检出</td><td>必要时</td></tr>
</table>

六、实验报告

请根据实验结果，填写表 19-2。

表 19-2　实验结果

序号	日期	检验对象	菌落总数	大肠菌群	判断依据	标准要求	结果判断

七、思考题

食品接触面的微生物检验有何意义？

实验 20 食品微生物检验样品的采集与处理

一、实验目的

① 熟悉不同食品微生物检验样品的采集方法。

② 了解不同食品微生物检验样品的处理方法。

二、实验原理

在食品检验中，所采集的样品必须有代表性。食品中因其加工批号、原料情况（来源、种类、地区、季节等）、加工方法、运输、保存条件、销售中的各个环节（如有无防蝇、防污染、防蟑螂及防鼠等设备）及销售人员的责任心和卫生认识水平等均可影响食品卫生质量，因此必须考虑周密。

根据检验目的、食品特点、批量、检验方法、微生物的危害程度等确定采样方案，采样应注意无菌操作。容器必须灭菌，避免环境中微生物污染，容器应用新洁尔灭、酒精等消毒药物灭菌，不得使用煤酚皂溶液，更不能含有此类消毒药物或抗生素类药物，以避免杀死样品中的微生物。所用剪、刀、匙用具也需灭菌方可应用。

三、实验材料与器具

无菌采样容器，棉签，采样规格板，无菌铲子，匙，采样器，试管，吸管，剪子，开罐器，转运管等。

四、实验方法

（一）采集样品的方法

1. 预包装食品

① 应采集相同批次、独立包装、适量件数的食品样品，每件样品的采样量应满足微生物指标检验的要求。

② 独立包装 ≤1000 g 的固态食品，或≤1000 mL 的液态食品，取相同批次的包装。

③ 独立包装>1000 mL 的液态食品，应在采样前摇动或用无菌棒搅拌液体，使其达到均质后采集适量样品，放入同一个无菌采样容器内作为一件食品样品；>1000 g 的固态食品，应用无菌采样器从同一包装的不同部位分别采取适量样品，放入同一个无菌采样容器内作为一件食品样品。

2. 散装食品或现场制作食品

用无菌采样工具从 n（同一批次产品应采集的样品件数）个不同部位现场采集样品，放入 n 个无菌采样容器内作为 n 件食品样品。每件样品的采样量应满足微生物指标检验单位的要求。

（二）采集样品的标记

应对采集的样品进行及时、准确的记录和标记，内容包括采样人、采样地点、时间、样品名称、来源、批号、数量、保存条件等信息。

（三）采集样品的贮存和运输

① 应尽快将样品送往实验室检验。

② 应在运输过程中保持样品完整。

③ 应在接近原有贮存温度条件下贮存样品，或采取必要措施防止样品中微生物数量的变化。

（四）样品处理

① 实验室接到送检样品后应认真核对登记，确保样品的相关信息完整并符合检验要求。

② 实验室应按要求尽快检验。若不能及时检验，应采取必要的措施，防止样品中原有微生物因客观条件的干扰而发生变化。

③ 各类食品样品处理应按相关食品安全标准检验方法的规定执行。

注意事项：

① 检验结果报告后，被检样品方能处理。

② 检出致病菌的样品要经过无害化处理。

③ 检验结果报告后，剩余样品和同批产品不进行微生物项目的复检。

五、思考题

① 食品微生物检验样品采集的原则有哪些？

② 食品微生物检验样品采样有哪些注意事项？

实验21　食品中菌落总数的测定

一、实验目的

① 学习并掌握食品中菌落总数测定方法和原理。

② 了解菌落总数在食品卫生检验中的意义 。

二、实验原理

食品检样经过处理，在一定条件下（如培养基、培养温度和培养时间等）培养后，所得1g（mL）检样中形成的微生物菌落总数。食品菌落总数是食品清洁状态的标志，利用菌落总数可预测食品的耐保藏性。食品中细菌菌落总数越多，则食品含有致病菌的可能性越大，食品质量越差；菌落总数越小，则食品含有致病菌的可能性越小。这需要配合大肠菌群和致病菌的检验，才能对食品做出较全面的评价。

平板菌落计数法是将样品经适当稀释、充分分散为单个细胞后，取一定量的稀释液接种到平板上，经合适条件培养，由每个单细胞生长繁殖而形成的肉眼可见的菌落，即一个单菌落应代表原样品中的一个单细胞。统计菌落数，根据其稀释倍数和取样接种量即可换算出样品中的含菌数。

三、实验材料与器具

高压灭菌锅，超净工作台，恒温培养箱，天平，无菌均质器，移液器，平板计数琼脂培养基（PCA），无菌磷酸盐缓冲液，无菌生理盐水，无菌采样瓶（袋），剪刀，镊子，记号笔，酒精灯，打火机等。

四、实验方法

（一）样品的稀释

① 固体和半固体样品：无菌条件下，称取25 g样品置于盛有225 mL稀释液的三角瓶盐水的无菌均质杯内，8000~10000 r/min均质1~2 min，或放入盛有225 mL稀释液的无菌均质袋中，用拍击式均质器拍打1~2 min，制成1∶10的样品匀液。

② 液体样品：以无菌吸管吸取25 mL样品置于盛有225 mL无菌磷酸盐缓冲液或无菌(瓶内可预置20~30的无菌玻璃珠）中，充分混匀，或放入盛有225 mL稀释液的无菌均质袋中，用拍击式均质器拍打1~2 min，制成1∶10的样品匀液。

③ 无菌吸取1∶10样品匀液1 mL，加入盛有9 mL稀释液的无菌试管中（注意吸管或吸头尖端不要触及稀释液面），混匀，制成1∶100的样品匀液。

④ 按步骤③操作，制备10倍系列稀释样品匀液。每递增稀释一次，换用1次1 mL无菌吸管或吸头。

⑤ 根据对样品污染状况的估计，选择 1～3 个适宜稀释度的样品匀液（液体样品可包括原液），吸取 1 mL 样品匀液于无菌培养皿内，每个稀释度做两个平皿。同时，分别吸取 1 mL 空白稀释液加入两个无菌培养皿内作空白对照。

⑥ 及时将 15～20 mL 冷却至 46～50℃ 的 PCA 琼脂培养基倾注培养皿，并转动培养皿使其混合均匀。

（二）培养

水平放置待琼脂凝固后，将平板翻转，(36±1)℃ 培养（48±2）h。水产品（30±1)℃ 培养（72±3）h。

（三）菌落计数

① 可用肉眼观察，必要时用放大镜或菌落计数器，记录稀释倍数和相应的菌落数量。菌落计数以菌落形成单位（colony forming unit，CFU）表示。

② 选取菌落数在 30～300 CFU、无蔓延菌落生长的平板计数菌落总数。低于 30 CFU 的平板记录具体菌落数，大于 300 CFU 的可记录为多不可计。

③ 其中一个平板有较大片状菌落生长时，则不宜采用，而应以无较大片状菌落生长的平板作为该稀释度的菌落数；若片状菌落不到平板的一半，而其余一半中菌落分布又很均匀，可计算半个平板后乘 2，代表一个平板菌落数。

④ 当平板上出现菌落间无明显界线的链状生长时，则将每条单链作为一个菌落计数。

注意事项：

① 一次性无菌均质袋不适合均质坚硬样品，如鱼骨。

② 稀释液用磷酸盐缓冲液或生理盐水均可，但如果样品 pH 较低，建议使用磷酸盐缓冲液，以免影响培养基的凝胶强度。

③ 培养基倾注的温度与厚度是实验正确与否的关键。倾注的温度一般 46～50℃。温度过高会造成已受损伤的菌细胞死亡。直径 9 cm 的平皿倾注厚度一般要求 15～20 mL 培养基，若培养基太薄，在培养过程中可能因水分蒸发而影响细菌的生长。

④ 每个样品从开始稀释到倾注最后一个平板的时间不得超过 15 min，目的是使菌落能在平板上均匀分布，否则，时间放长了，样液可能由于干燥而贴在平板上，倾注琼脂后不易摇开，容易产生片状菌落，影响菌落计数。另外，琼脂凝固后不要在室温长时间放置，应及时将平皿倒置培养，可避免菌落的蔓延生长。

⑤ 检样与培养基混匀时，可先向一个方向旋转，然后向相反方向旋转。旋转中应防止混合物溅到皿边的上方。

⑥ 检验过程中应用稀释液做空白对照，用于判定稀释液、培养基、平皿或吸管可能存在的污染。同时，检验过程中应在工作台上打开一块空白的平板计数琼脂，其暴露时间应与检验时间相当，以了解检样在检验过程中有无受到来自空气的污染。

五、实验结果分析

菌落总数的计算方法如下。

① 若只有一个稀释度平板上的菌落数在适宜计数范围内，计算两个平板菌落数的平均值，再将平均值乘以相应稀释倍数，作为 1g（mL）样品中菌落总数结果，见表 21-1 的例 1。

② 若有两个连续稀释度的平板菌落数在适宜计数范围内时，按下式计算，见表 21-1

的例 2。

$$N=\frac{\sum C}{(n_1+0.1n_2)\ d}$$

式中：N——样品中菌落数；

$\sum C$——平板（含适宜范围菌落数的平板）菌落数之和；

n_1——第一稀释度（低稀释倍数）平板个数；

n_2——第二稀释度（高稀释倍数）平板个数；

d——稀释因子（第一稀释度）。

③ 若所有稀释度的平板上菌落数均大于 300 CFU，则对稀释度最高的平板进行计数，其他平板可记录为多不可计，结果按平均菌落数乘以最高稀释倍数计算，见表 21-1 的例 3。

④ 若所有稀释度的平板菌落数均小于 30 CFU，则应按稀释度最低的平均菌落数乘以稀释倍数计算，见表 21-1 的例 4。

⑤ 若所有稀释度（包括液体样品原液）平板均无菌落生长，则以小于 1 乘以最低稀释倍数计算，见表 21-1 的例 5。

⑥ 若所有稀释度的平板菌落数均不在 30~300 CFU，其中一部分小于 30 CFU 或大于 300 CFU 时，则以最接近 30 CFU 或 300 CFU 的平均菌落数乘以稀释倍数计算，见表 21-1 的例 6。

表 21-1　菌落总数计算方法

示例	稀释度			计算结果（菌落数/CFU）	数字修约后（菌落数/CFU）
	1∶10	1∶100	1∶1000		
例 1	多不可计	124	11	13100	13000 或 1.3×10^4
	多不可计	138	14		
例 2	多不可计	232	33	24727	25000 或 2.5×10^4
	多不可计	244	35		
例 3	多不可计	多不可计	442	431000	430000 或 4.3×10^5
	多不可计	多不可计	420		
例 4	14	1	0	145	150 或 1.5×10^2
	15	0	0		
例 5	0	0	0	<10	<10
	0	0	0		
例 6	312	14	2	3090	3100 或 3.1×10^3
	306	19	4		

注意事项：

① 如果高稀释度平板上的菌落数比低稀释度平板上的菌落数高，则说明检验过程中

可能出现差错或样品中含抑菌物质，这样的结果不可用于结果报告。

② 如果检样是微生物类制剂（酸奶、酵母制酸性饮料等），在进行菌落计数时应将有关微生物（乳酸菌、酵母菌）排除，不可并入检样的菌落总数内作报告。

六、实验报告

请报告所检食品的菌落总数，并判断其是否符合食品安全标准。

七、思考题

① 菌落总数的定义是什么？卫生学意义是什么？

② 在菌落总数的检验中，要注意哪些事项？

③ 在测定菌落总数时，如何选择合适的梯度和菌落进行计数？

实验 22　食品中大肠菌群的测定——MPN 法

一、实验目的

① 学习并掌握食品中大肠菌群测定方法和原理。

② 了解大肠菌群的定义及食品中大肠菌群测定在食品卫生检验中的意义。

二、实验原理

大肠菌群是一类在一定培养条件下能发酵乳糖、产酸产气的需氧和兼性厌氧革兰氏阴性无芽孢杆菌。该菌主要来源于人畜粪便，故以此作为粪便污染指标来评价食品的卫生质量，具有广泛的卫生学意义。大肠菌群反映了食品是否被粪便污染，同时间接地指出食品是否有肠道致病菌污染的可能性。

MPN 法是统计学和微生物学结合的一种定量检测法。待测样品经系列稀释并培养后，根据其未生长的最低稀释度与生长的最高稀释度，应用统计学概率论推算出待测样品中大肠菌群的最大可能数。

三、实验材料与器具

高压灭菌锅，超净工作台，恒温培养箱，天平，均质器，移液器，月桂基硫酸盐胰蛋白胨（LST）肉汤，煌绿乳糖淡盐（BGLB）肉汤，无菌磷酸盐缓冲液，无菌生理盐水，无菌采样瓶（袋），剪刀，镊子，记号笔，酒精灯等。

四、实验方法

（一）样品的稀释

① 固体和半固体样品：称取 25 g 样品置于盛有 225 mL 无菌磷酸盐缓冲液（或无菌生理盐水）的无菌均质杯内，8000～10000 r/min 均质 1～2 min，或放入盛有 225 mL 磷酸盐缓冲液或生理盐水的无菌均质袋中，用拍击式均质器拍打 1～2 min，制成 1∶10 的样品匀液。

② 液体样品：无菌吸取 25 mL 样品置于已灭菌的盛有 225 mL 稀释液的三角瓶或其他无菌容器中，充分振摇或置于机械振荡器中振摇，充分混匀，制成 1∶10 的样品匀液。

③ 样品匀液的 pH 应在 6.5～7.5，必要时分别用 1 mol/L NaOH 或 1 mol/L HCl 调节。

④ 无菌吸取 1∶10 样品匀液 1 mL，注入盛有 9 mL 稀释液的无菌试管中混合均匀，制成 1∶100 的样品匀液。

⑤ 根据对样品污染状况的估计，按上述操作，依次制成 10 倍递增系列稀释样品匀液。每递增稀释 1 次，换用 1 支 1 mL 无菌吸管或吸头。从制备样品匀液至样品接种完毕，全过程不得超过 15 min。

（二）初发酵试验

选择 3 个适宜的连续稀释度的样品匀液（液体样品可以选择原液），每个稀释度接种 3 管月桂基硫酸盐胰蛋白胨（LST）肉汤，每管接种 1 mL（如接种量超过 1 mL，则用双料 LST 肉汤），(36±1)℃培养（24±2）h，观察倒管内是否有气泡产生，（24±2）h 产气者进行复发酵试验（证实试验），如未产气则继续培养至（48±2）h，产气者进行复发酵试验。未产气者为大肠菌群阴性。

（三）复发酵试验（验证试验）

用接种环从产气的 LST 肉汤管中分别取培养物 1 环，移种于煌绿乳糖胆盐肉汤（BGLB）管中，(36±1)℃培养（48±2）h，观察产气情况。产气者计为大肠菌群阳性管。

注意事项：

①《食品安全国家标准 食品微生物学检验 大肠菌群计数》（GB 4789.3—2016）中的第一法（MPN 法）适用于大肠菌群含量较低的食品中大肠菌群的计数；第二法（平板计数法）适用于大肠菌群含量较高的食品中大肠菌群的计数。

② 稀释液虽然可以用灭菌生理盐水或用磷酸盐缓冲液，但是有研究表明磷酸盐缓冲液对细菌细胞有更好的保护作用，灵敏度更高。

③《食品安全国家标准 食品微生物学检验 大肠菌群计数》（GB 4789.3—2016）规定大肠菌群检测所需使用的培养基 pH 应该调至 pH 6.5~7.5。随 pH 的减小，检样中大肠菌群越来越少，且与 pH 呈正相关关系，尤其是 pH 在 2.00 左右时，可以完全抑制大肠菌群的生长。

五、实验结果分析

确证的大肠菌群 BGLB 阳性管数，检索 MPN 表（表 22-1），报告每 g（mL）样品中大肠菌群的 MPN 值。

表 22-1 大肠菌群最可能数（MPN）检索表

阳性管数			MPN/100 mL	95%可信限		阳性管数			MPN/100 mL	95%可信限	
0.10	0.10	0.001		下限	上限	0.10	0.01	0.001		下限	上限
0	0	0	<3.0		9.5	1	1	0	7.4	1.3	20
0	0	1	3.0	0.15	9.6	1	1	1	11	3.6	38
0	1	0	3.0	0.15	11	1	2	0	11	3.6	42
0	1	1	6.1	1.2	18	1	2	1	15	4.5	42
0	2	0	6.2	1.2	18	1	3	0	16	4.5	42
0	3	0	9.4	3.6	38	2	0	0	9.2	1.4	38
1	0	0	3.6	0.17	18	2	0	1	14	3.6	42
1	0	1	7.2	1.3	18	2	0	2	20	4.5	42
1	0	2	11	3.6	38	2	1	0	15	3.7	42

续表

阳性管数			MPN/100 mL	95%可信限		阳性管数			MPN/100 mL	95%可信限	
0.10	0.10	0.001		下限	上限	0.10	0.01	0.001		下限	上限
2	1	1	20	4.5	42	3	1	1	75	17	200
2	1	2	27	8.7	94	3	1	2	120	37	420
2	2	0	21	4.5	42	3	1	3	160	40	420
2	2	1	28	8.7	94	3	2	0	93	18	420
2	2	2	35	8.7	94	3	2	1	150	37	420
2	3	0	29	8.7	94	3	2	2	210	40	430
2	3	1	36	8.7	94	3	2	3	290	90	1000
3	0	0	23	4.6	94	3	3	0	240	42	1000
3	0	1	38	8.7	110	3	3	1	460	90	2000
3	0	2	64	17	180	3	3	2	1100	180	4100
3	1	0	43	9	180	3	3	3	>1100	420	—

注：1. 本表采用 3 个稀释度［0.1 g（mL）、0.01 g（mL）、0.001 g（mL）］，每个稀释度接种 3 管。

2. 表内所列检样量如改用 1 g（mL）、0.1 g（mL）和 0.01 g（mL）时，表内数字应相应降低 10 倍，如改用 0.01 g（mL）、0.001 g（mL）和 0.0001 g（mL）时，则表内数字应相应增高 10 倍，其余类推。

六、实验报告

请查表报告所检食品的大肠菌群，并判断其是否符合食品安全标准。

七、思考题

① 何为大肠菌群？卫生学意义是什么？

② 为什么选择大肠菌群作为食品被粪便污染的指标菌？

实验 23　食品中沙门氏菌的检验

一、实验目的

① 了解沙门氏菌的生物学特性和食品中沙门氏菌检验的意义。

② 掌握沙门氏菌检验中生化试验的操作方法和结果的判断。

③ 熟悉沙门氏菌属血清学试验方法。

④ 掌握食品中沙门氏菌检验的方法和技术。

二、实验原理

沙门氏菌属是一大群寄生于人类和动物肠道，种类繁多，少数只对人致病。沙门氏菌主要引起人类伤寒、副伤寒以及食物中毒或败血症。在世界各地的食物中毒中，沙门氏菌食物中毒常占首位或第二位。

食品中沙门氏菌含量较少，一般先用无选择性的培养基前增菌处理，恢复其活力，再进行选择性增菌，使待检沙门氏菌大量增殖，而抑制其他大多数细菌生长。接着根据沙门氏菌的生化特征，借助于三糖铁、靛基质、尿素、KCN、赖氨酸等试验可将其与肠道其他菌属相区分，最后通过血清学实验确定其分型（图 23-1）。

三、实验材料与器具

灭菌锅，超净工作台，恒温培养箱，冰箱，天平，均质器，移液器，菌落计数器，缓冲蛋白胨水（BPW），四硫磺酸钠煌绿（TTB）增菌液，亚硒酸盐胱氨酸（SC）增菌液，亚硫酸铋（BS）琼脂，HE 琼脂，木糖赖氨酸脱氧胆盐（XLD）琼脂，沙门氏菌属显色培养基，三糖铁（TSI）琼脂，蛋白胨水，靛基质试剂，尿素琼脂（pH 7.2），氰化钾（KCN）培养基，赖氨酸脱羧酶试验培养基，糖发酵管，邻硝基酚 β- D 半乳糖苷（ONPG）培养基，半固体琼脂，无菌采样瓶（袋），剪刀，镊子，记号笔等。

四、实验方法

（一）预增菌

无菌操作称取 25 g（mL）样品，置于盛有 225 mL BPW 的无菌均质杯或合适容器内，以 8000~10000 r/min 均质 1~2 min，或置于盛有 225 mL BPW 的无菌均质袋中，用拍击式均质器拍打 1~2 min。若样品为液态，不需要均质，振荡混匀。如需调整 pH，用1 mol/mL 无菌 NaOH 或 HCl 调 pH 至 6.8±0.2。无菌条件下，将样品转至 500 mL 三角瓶（如使用均质袋，可直接进行培养），置于（36±1）℃培养 8~18h。

如为冷冻产品，应在 45℃以下不超过 15 min，或 2~5℃不超过 18 h 解冻。

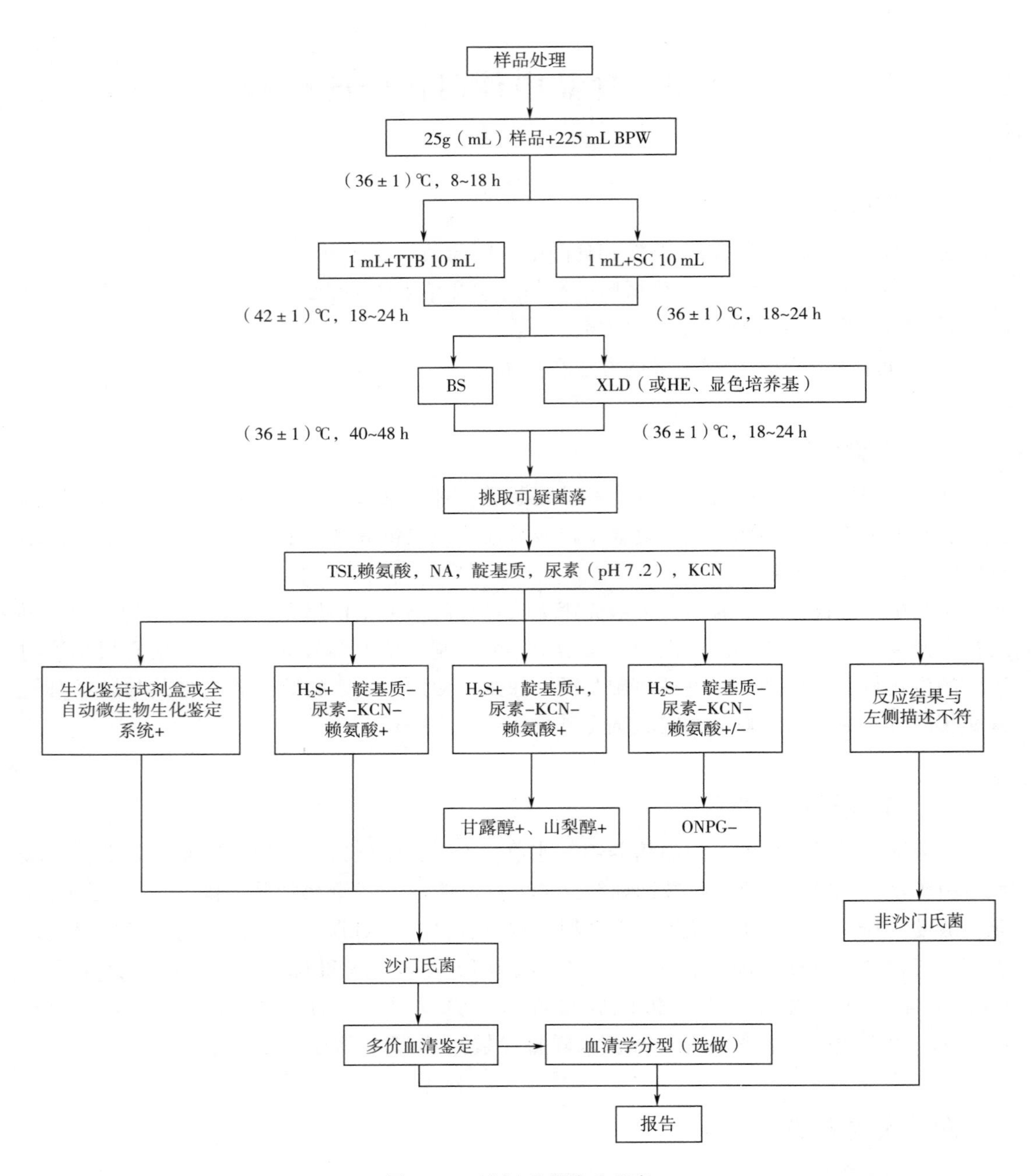

图 23-1 沙门氏菌检验程序

（二）增菌

无菌条件下，取 1 mL 前增菌培养液转种于 10 mL TTB 内，于（42±1）℃培养 18~24 h。同时，另取 1 mL，转种于 10 mL SC 内，于（36±1）℃培养 18~24 h。

（三）分离

用接种环取增菌液 1 环，分别划线接种于一个 BS 琼脂平板和一个 XLD 琼脂平板（或

HE 琼脂平板或沙门氏菌属显色培养基平板)，于（36 ±1)℃分别培养 40~48 h（BS 琼脂平板）或 18~24 h（XLD 琼脂平板、 HE 琼脂平板、沙门氏菌属显色培养基平板)，观察各个平板上生长的菌落，各个平板上的菌落特征见表 23-1。

彩图 23-1

表 23-1　沙门氏菌属在不同选择性琼脂平板上的菌落特征

选择性琼脂平板	菌落图	沙门氏菌
BS 琼脂		菌落为黑色有金属光泽、棕褐色或灰色，菌落周围培养基可呈黑色或棕色；有些菌株形成灰绿色的菌落，周围培养基不变
HE 琼脂		蓝绿色或蓝色，多数菌落中心黑色或几乎全黑色；有些菌株为黄色，中心黑色或几乎全黑色
XLD 琼脂		菌落呈粉红色，带或不带黑色中心，有些菌株可呈现大的带光泽的黑色中心，或呈现全部黑色的菌落；有些菌株为黄色菌落，带或不带黑色中心
显色培养基（陆桥）		菌落紫红色，圆形、光滑突起

（四）生化试验

自选择性琼脂平板上分别挑取 2 个以上典型或可疑菌落，接种三糖铁琼脂，先在斜面划线，再于底层穿刺；接种针不要灭菌，直接接种赖氨酸脱羧酶试验培养基和营养琼脂平板，于（36±1)℃培养 18~24 h，必要时可延长至 48 h。在三糖铁琼脂和赖氨酸脱羧酶试验培养基内，沙门氏菌属的反应结果见表 23-2。

表 23-2　沙门氏菌属在三糖铁琼脂和赖氨酸脱羧酶试验培养基内的反应结果

三糖铁琼脂				赖氨酸脱羧酶试验培养基	初步判断
斜面	底层	产气	硫化氢		
K	A	+（-）	+（-）	+	可疑沙门氏菌属
K	A	+（-）	+（-）	-	可疑沙门氏菌属
A	A	+（-）	+（-）	+	可疑沙门氏菌属
A	A	+/-	+/-	-	非沙门氏菌
K	K	+/-	+/-	+/-	非沙门氏菌

注：K 表示产碱；A 表示产酸；+表示阳性；-表示阴性；+（-）表示多数阳性，少数阴性；+/-表示阳性或阴性。

接种三糖铁琼脂和赖氨酸脱羧酶试验培养基的同时，可直接接种蛋白胨水（供做靛基质试验）、尿素琼脂（pH 7.2），氰化钾（KCN）培养基，也可在初步判断结果后从营养琼脂平板上挑取可疑菌落接种。于（36±1）℃培养 18～24 h，必要时可延长至 48 h，按表 23-3判定结果。将已挑菌落的平板储存于 2～5℃或室温至少保留 24 h，以备必要时复查。

表 23-3　沙门氏菌属生化反应初步鉴别表

反应序号	硫化氢（H_2S）	靛基质	pH 7.2 尿素	氰化钾（KCN）	赖氨酸脱羧酶
A1	+	-	-	-	+
A2	+	+	-	-	+
A3	-	-	-	-	+/-

注：+表示阳性；-表示阴性；+/-表示阳性或阴性。

① 反应序号 A1：典型反应判定为沙门氏菌属。如尿素、KCN 和赖氨酸脱羧酶 3 项中有 1 项异常，按表 23-4 可判定为沙门氏菌。如有 2 项异常为非沙门氏菌。

表 23-4　沙门氏菌属生化反应初步鉴别表

pH 7.2 尿素	氰化钾（KCN）	赖氨酸脱羧酶	判定结果
-	-	-	甲型副伤寒沙门氏菌（要求血清学鉴定结果）
-	+	+	沙门氏菌Ⅳ或Ⅴ（要求符合本群生化特性）
+	-	+	沙门氏菌个别变体（要求血清学鉴定结果）

注：+表示阳性；-表示阴性。

② 反应序号 A2：补做甘露醇和山梨醇试验，沙门氏菌靛基质阳性变体两项试验结果均为阳性，但需要结合血清学鉴定结果进行判定。

③ 反应序号 A3：补做 ONPG。ONPG 阴性为沙门氏菌，同时赖氨酸脱羧酶阳性，甲型副伤寒沙门氏菌为赖氨酸脱羧酶阴性。

必要时按表 23-5 进行沙门氏菌生化群的鉴别。

表 23-5　沙门氏菌属各生化群的鉴别

项目	Ⅰ	Ⅱ	Ⅲ	Ⅳ	Ⅴ	Ⅵ
卫矛醇	+	+	-	-	+	-
山梨醇	+	+	+	+	+	-
水杨苷	-	-	-	+	-	-
ONPG	-	-	+	-	+	-
丙二酸盐	-	+	+	-	-	-
KCN	-	-	-	+	+	-

注：+表示阳性；-表示阴性。

（五）血清学鉴定

1. 自凝性检查

一般采用 1.2%～1.5%琼脂培养物作为玻片凝集试验用的抗原。首先排除自凝集反应，在洁净的玻片上滴加一滴生理盐水，将待试培养物混合于生理盐水滴内，使成为均一性的浑浊悬液，将玻片轻轻摇动 30～60s，在黑色背景下观察反应（必要时用放大镜观察），若出现可见的菌体凝集，即认为有自凝性，反之无自凝性。对无自凝性的培养物参照下面方法进行血清学鉴定。

2. 多价菌体抗原（O）鉴定

在玻片上划出 2 个约 1 cm×2 cm 的区域，挑取 1 环待测菌，各放 1/2 环于玻片上的每一区域上部，在其中一个区域下部加 1 滴多价菌体（O）抗血清，在另一区域下部加入 1 滴生理盐水作为对照。再用无菌的接种环或针分别将两个区域内的菌苔研成乳状液。将玻片倾斜摇动混合 1 min，并对着黑暗背景进行观察，任何程度的凝集现象皆为阳性反应。O 血清不凝集时，将菌株接种在琼脂量较高的（如 2%～3%）培养基上再检查；如果是由于 Vi 抗原的存在而阻止了 O 凝集反应，可挑取菌苔于 1 mL 生理盐水中做成浓菌液，于酒精灯火焰上煮沸后再检查。

3. 多价鞭毛抗原（H）鉴定

操作同多价菌体抗原（O）鉴定。H 抗原发育不良时，将菌株接种在 0.55%～0.65% 半固体琼脂平板的中央，待菌落蔓延生长时，在其边缘部分取菌检查；或将菌株通过接种装有 0.3%～0.4% 半固体琼脂的小玻管 1～2 次，自远端取菌培养后再检查。

（六）血清学分型（选做项目）

此处参考《食品安全国家标准　食品微生物学检验　沙门氏菌检验》（GB 4789.4—2016）。

注意事项：

① 没有一种培养基可以准确无误地筛选出沙门氏菌，必须选择多种选择性培养基同时筛选，只能说显色培养基综合选择性更强。

② TTB 的添加剂必须在棕色瓶储存，不能见光，否则选择性减弱。TTB 有碳酸钙沉淀，分装时一定要摇匀，碳酸钙作用是消除和吸收有毒代谢产物。TTB 加入添加剂后就不能再加热。

③ SC 种含有亚硒酸氢钠，其为剧毒物质，使用时候要注意安全，应当天使用当天配制。

④ 试剂和培养基一定要严格按照说明书配制，是否需要高压灭菌，添加剂用量及培养基保存条件。BS 培养基不能高压灭菌，不能过热溶解，只能在使用前一天配制，保存在阴暗处，48 h 后便会失去选择性，若保存不当，颜色变浅表明已经开始减效。HE 培养基不能高压灭菌，煮沸不能超过 1 min，应在水浴中冷却，只能保存一天。XLD 平板不能高压灭菌，不能过热煮沸，只能保存一天。

⑤ 有 1%沙门氏菌乳糖发酵阳性，为了避免漏检乳糖阳性菌必须选择不依赖乳糖的培养基，目前 BS 培养基被认为是最适合的。BS 培养基是分离沙门氏菌的高效培养基，特别适合于伤寒类的沙门氏菌。不是所有的选择性培养基都能有效分离出伤寒沙门氏菌和副伤寒沙门氏菌，BS 培养基是分离伤寒类沙门氏菌的首选培养基。

⑥ 三糖铁琼脂要配制为高层斜面，接种针挑取菌落，于高层斜面上划线，再穿刺（穿刺针不要破壁，不要穿透，距底部 5 mm 左右即可）；同时用穿刺过的接种针接种赖氨酸脱羧酶反应管（分为赖氨酸脱羧酶反应管和对照管，两者都有要接种，表面覆盖 2～3 滴液体石蜡，防止氧化）。

⑦ 血清检测要使用 24 h 内的纯菌，在规定时间内观察结果，并做自凝试验。

五、实验结果分析

① 沙门氏菌在 BS 琼脂平板上菌落为黑色，有金属光泽，棕褐色或灰色，菌落周围培养基可呈黑色或棕色；有些菌株形成灰绿色的菌落，周围培养基不变。沙门氏菌在 HE 培养基上为蓝色或蓝绿色，多数菌落中心黑色或全黑色；有些菌株为黄色，中心黑色或几乎全黑色。沙门氏菌在 XLD 琼脂上菌落呈粉红色，带或不带黑色中心，有些菌株可呈现大的带光泽的黑色中心，或呈现全部黑色的菌落；有些菌株为黄色菌落，带或不带黑色中心。沙门氏菌在显色培养基上，根据各厂家说明说进行判定。

② 在三糖铁培养基上，产碱培养基变红，产酸变黄，产 H_2S 变黑，并遮住黄色。

③ 沙门氏菌微量生理生化实验管结果，可根据各厂家说明说进行判定。

六、实验报告

综合以上生化试验和血清学鉴定的结果，报告 25 g（mL）样品中检出或未检出沙门氏菌。

七、思考题

① 如何提高沙门氏菌的检出率？

② 沙门氏菌在三糖铁培养基上的反应结果如何？解释这些现象？

③ 食品中能否允许有少量沙门氏菌存在？为什么？

实验 24　食品中金黄色葡萄球菌的检验

一、实验目的

① 了解金黄色葡萄球菌的生物学特性和食品检验金黄色葡萄球菌的意义。

② 掌握金黄色葡萄球菌检验的操作方法和结果判断。

③ 掌握食品中金黄色葡萄球菌检验的方法和技术。

二、实验原理

葡萄球菌属（*Staphylococcus*）属微球菌科，包括 20 多个种。金黄色葡萄球菌为葡萄球菌属致病菌，革兰氏阳性球菌，呈葡萄串状排列，直径为 0.5~1 μm，无芽孢、无鞭毛、无荚膜，需氧或兼性厌氧，最适生长温度为 30~37℃，最适生长 pH 为 6~7，常存在于肉、奶、蛋、鱼及其制品等动物性食品中。金黄色葡萄球菌产生的肠毒素可导致食物中毒，因此金黄色葡萄球菌污染严重威胁着食品安全。

金黄色葡萄球菌能产生血浆凝固酶，使血浆凝固，多数致病菌株能产生溶血毒素，使血琼脂平板菌落周围出现溶血环，在试管中出现溶血反应，这是鉴定致病性金黄色葡萄球菌的重要指标。金黄色葡萄球菌检验程序见图 24-1。

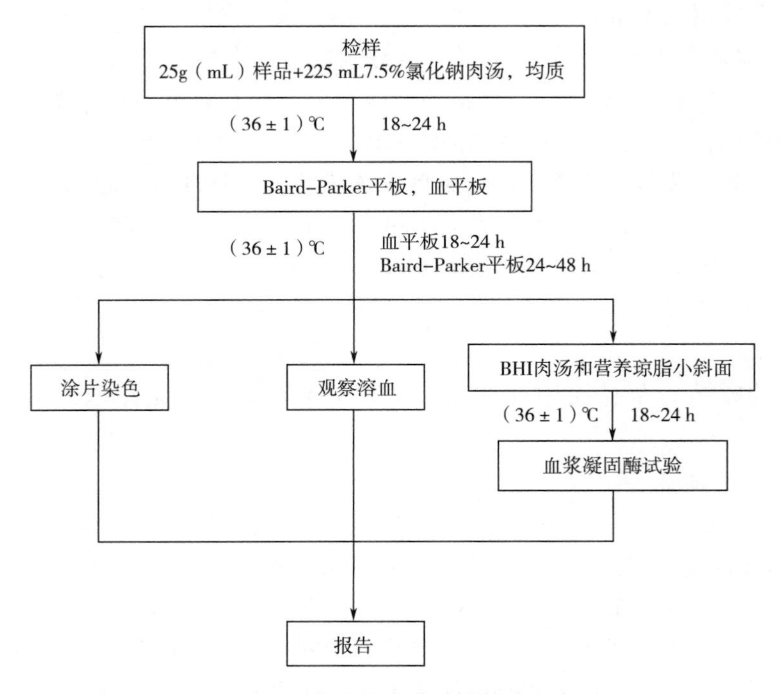

图 24-1　金黄色葡萄球菌检验程序

三、实验材料与器具

高压灭菌锅，超净工作台，恒温培养箱，天平，均质器，移液器，7.5%氯化钠肉汤，血琼脂平板，Baird-Parker 琼脂，脑心浸出液肉汤（BHI），兔血浆，无菌磷酸盐缓冲液，无菌生理盐水，营养琼脂斜面，革兰氏染色液，无菌采样瓶（袋），剪刀，镊子，记号笔等。

四、实验方法

（一）样品的处理

称取 25 g 样品至盛有 225 mL 7.5% 氯化钠肉汤的无菌均质杯，8000~10000 r/min 均质 1~2 min，或放入盛有 225 mL 7.5% 氯化钠肉汤无菌均质袋中，用拍击式均质器拍打 1~2 min。若样品为液态，吸取 25 mL 样品至盛有 225 mL 7.5% 氯化钠肉汤的无菌锥形瓶（瓶内可预置适当数量的无菌玻璃珠）中，振荡混匀。

（二）增菌

将上述样品匀液于（36±1）℃培养 18~24 h。金黄色葡萄球菌在 7.5% 氯化钠肉汤中呈浑浊生长。

（三）分离

将增菌后的培养物，分别划线接种到 Baird-Parker 平板和血平板，血平板（36±1）℃培养 18~24 h。Baird-Parker 平板（36±1）℃ 培养 24~48 h。

（四）初步鉴定

金黄色葡萄球菌在 Baird-Parker 平板上呈圆形，表面光滑、凸起、湿润、菌落直径为 2~3 mm，颜色呈灰黑色至黑色，有光泽，常有浅色（非白色）的边缘，周围绕以不透明圈（沉淀），其外常有一清晰带。当用接种针触及菌落时具有黄油样黏稠感。有时可见到不分解脂肪的菌株，除没有不透明圈和清晰带外，其他外观基本相同。从长期贮存的冷冻或脱水食品中分离的菌落，其黑色常较典型菌落浅些，且外观可能较粗糙，质地较干燥。在血平板上，形成菌落较大，圆形、光滑凸起、湿润、金黄色（有时为白色），菌落周围可见完全透明溶血圈。挑取上述可疑菌落进行革兰氏染色镜检及血浆凝固酶试验。

（五）确证鉴定

1. 染色镜检

金黄色葡萄球菌为革兰氏阳性球菌，排列呈葡萄球状，无芽孢，无荚膜，直径为 0.5~15 μm。

2. 血浆凝固酶试验

挑取 Baird-Parker 平板或血平板上至少 5 个可疑菌落（小于 5 个全选），分别接种到 5 mL BHI 和营养琼脂小斜面，（36±1）℃ 培养 18~24 h。

取新鲜配制兔血浆 0.5 mL，放入小试管中，再加入 BHI 培养物 0.2~0.3 mL，振荡摇匀，置于（36±1）℃ 温箱或水浴箱内，每半小时观察一次，观察 6 h，如呈现凝固（即将试管倾斜或倒置时，呈现凝块）或凝固体积大于原体积的一半，被判定为阳性结果。同时以血浆凝固酶试验阳性和阴性葡萄球菌菌株的肉汤培养物作为对照。也可用商品化的试剂，按说明书操作，进行血浆凝固酶试验。

结果如可疑，挑取营养琼脂小斜面的菌落到 5 mL BHI，(36±1)℃ 培养 18~48 h，重复试验。

（六）葡萄球菌肠毒素的检验（选做）

可疑食物中毒样品或产生葡萄球菌肠毒素的金黄色葡萄球菌菌株的鉴定，应检测葡萄球菌肠毒素。

注意事项：

①《食品安全国家标准　食品微生物学检验　金黄色葡萄球菌检验》（GB 4789.10—2016）第一法适用于食品中金黄色葡萄球菌的定性检验；第二法适用于金黄色葡萄球菌含量较高的食品中金黄色葡萄球菌的计数；第三法适用于金黄色葡萄球菌含量较低的食品中金黄色葡萄球菌的计数。

② 配制 Baird-Parker 琼脂基础培养基时，一定要注意加入亚碲酸钾卵黄乳液时，培养基的温度不能太高，以免影响亚碲酸钾的作用，或者导致卵黄絮凝。

③ 在观察 Baird-Parker 平板上的菌落特征时，一定要注意金黄色葡萄球菌具有“双环”，即一圈浑浊带，外侧有一透明环。只有单环浑浊带的一般是变形杆菌。

④ 在进行血浆凝固试验时要注意：可疑菌落需同时接种在 5 mL 的 BHI 肉汤中和营养琼脂上，必须使用新鲜的 BHI 肉汤培养物。加入 BHI 肉汤培养物后，要轻轻转动瓶身至混合均匀。试验应每半小时观察一次，不可直接观察第 6 h 后的结果。一些金黄色葡萄球菌能够产生蛋白酶来分解纤维蛋白，而出现先凝集而后消融的情况，保证每半小时观察一次，防止因观察不及时，而误判成假阴性。

⑤ 观察凝固情况时，采用将西林瓶缓慢倾斜或倒置的方式。当凝固体积大于原体积一半，即可判为阳性。切记不要采用摇晃的方式进行观察！

五、实验结果分析

实验结果见图 24-2~图 24-4。

彩图24-2

彩图24-3

彩图24-4

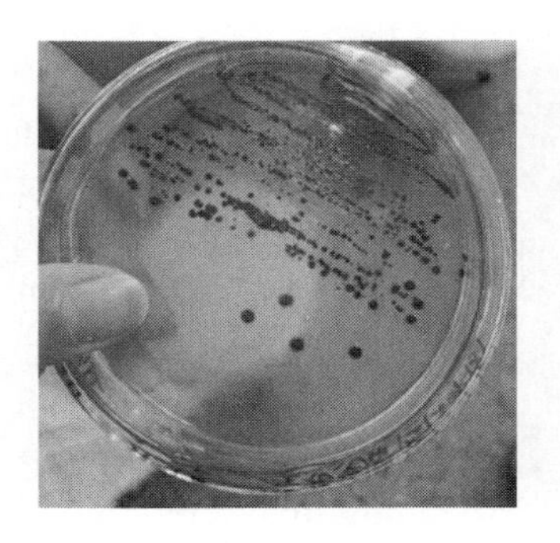

图 24-2　金黄色葡萄球菌在 B-P 平板上

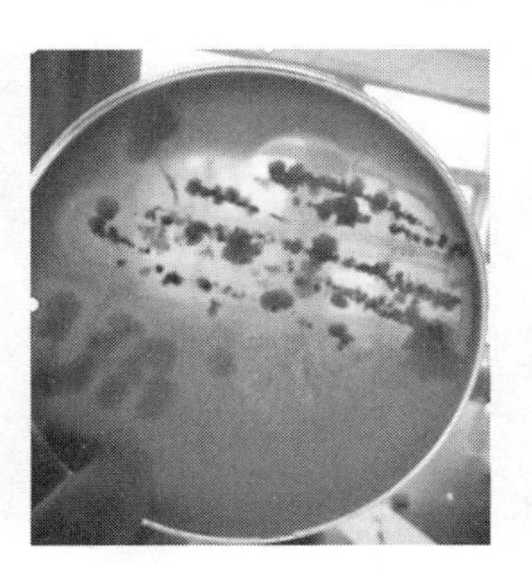

图 24-3　金黄色葡萄球菌在血平板上

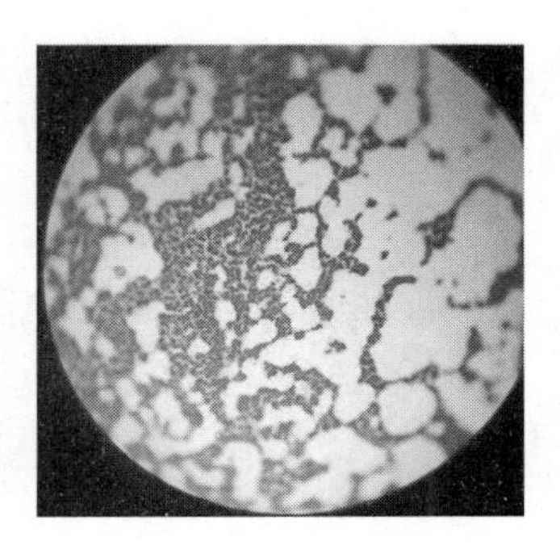

图 24-4　金黄色葡萄球菌革兰氏染色图

① 金黄色葡萄球菌在 Baird-Parker 平板上，菌落直径为 2~3mm，颜色呈灰色到黑色，边缘为淡色，周围为一浑浊带，在其外层有一透明圈。用接种针接触菌落有似奶油至树胶样的硬度，偶然会遇到非脂肪溶解的类似菌落；但无浑浊带及透明圈。长期保存的冷冻或干燥食品中所分离的菌落比典型菌落所产生的黑色较淡些，外观可能粗糙并干燥。在血平板上，形成菌落较大，圆形、表面光滑、凸起、湿润、金黄色（有时为白色），菌落周围可见完全透明溶血圈。

② 金黄色葡萄球菌为革兰氏阳性球菌，排列呈葡萄球状，无芽孢，无荚膜，直径为 0.5~1 μm。

③ 凝固酶实验需做阴阳对照。当出现凝固即将小管倾斜或倒置，内容物不流动，判为阳性。

六、实验报告

综合形态特征、血平板情况以及血浆凝固酶试验结果，判别食品检样是否含有金黄色葡萄球菌，并作出报告。

七、思考题

① 请描述金黄色葡萄球菌在血平板和 B-P 平板上的菌落特征？出现这种形态的原因是什么？

② 食品中能否允许有少量金黄色葡萄球菌存在？为什么？

实验25　食品中霉菌和酵母菌计数

一、实验目的

① 掌握测定霉菌和酵母菌的方法和技能。

② 掌握食品中霉菌和酵母菌计数的结果报告。

二、实验原理

食品被真菌污染后，可改变食品风味，使营养价值下降，霉菌还可能产生毒素造成食物中毒。因此，霉菌和酵母菌计数是评价食品安全的卫生学指标之一。

孟加拉红培养基中含有氯霉素，能抑制细菌生长，但对霉菌和酵母菌生长没有影响，从而保证霉菌和酵母菌计数的准确性。

三、实验材料与器具

高压灭菌锅，超净工作台，恒温培养箱，冰箱，天平，均质器，移液器，菌落计数器，马铃薯葡萄糖琼脂，孟加拉红琼脂，无菌磷酸盐缓冲液，无菌生理盐水，无菌采样瓶（袋），剪刀，镊子，记号笔等。

四、实验方法

（一）样品的稀释

① 固体和半固体样品：称取25 g样品，加入225 mL无菌稀释液（蒸馏水或生理盐水或磷酸盐缓冲液），充分振摇，或用拍击式均质器拍打1~2 min，制成1∶10的样品匀液。

② 液体样品：以无菌吸管吸取25 mL样品至盛有225 mL无菌稀释液（蒸馏水或生理盐水或磷酸盐缓冲液）的适宜容器内（可在瓶内预置适当数量的无菌玻璃珠）或无菌均质袋中，充分振摇或用拍击式均质器拍打1~2 min，制成1∶10的样品匀液。

③ 取1 mL 1∶10样品匀液注入含有9 mL无菌稀释液的试管中，另换一支1 mL无菌吸管反复吹吸，或在旋涡混合器上混匀，此液为1∶100的样品匀液。

④ 按上述操作，制备10倍递增系列稀释样品匀液。每递增稀释一次，换用1支1 mL无菌吸管。

⑤ 根据对样品污染状况的估计，选择2~3个适宜稀释度的样品匀液（液体样品可包括原液），在进行10倍递增稀释的同时，每个稀释度分别吸取1 mL样品匀液于2个无菌平皿内。同时分别取1 mL无菌稀释液加入2个无菌平皿作空白对照。

⑥ 及时将20~25 mL冷却至46℃的马铃薯葡萄糖琼脂或孟加拉红琼脂［可放置于(46±1)℃恒温水浴箱中保温］倾注平皿，并转动平皿使其混合均匀。置水平台面待培养基完全凝固。

（二）培养

琼脂凝固后，正置平板，置于（28±1）℃培养箱中培养，观察并记录培养至第 5 d 的结果。

（三）菌落计数

用肉眼观察，必要时可用放大镜或低倍镜，记录稀释倍数和相应的霉菌和酵母菌菌落数。以菌落形成单位（colony forming units，CFU）表示。

选取菌落数在 10～150 CFU 的平板，根据菌落形态分别计数霉菌和酵母菌。霉菌蔓延生长覆盖整个平板的可记录为菌落蔓延。

注意事项：

①《食品安全国家标准　食品微生物学检验　霉菌和酵母计数》（GB 4789.15—2016）的第一法适用于各类食品中霉菌和酵母菌的计数，第二法适用于番茄酱罐头、番茄汁中霉菌的计数。

② 霉菌检测时最好选用生物安全柜。霉菌容易随空气传播，超净工作台气流朝外吹，孢子易飘散；而生物安全柜气流内部循环，故在生物安全柜检测霉菌，不容易污染周围环境。

③ 孟加拉红培养基含有氯霉素，可抑制细菌生长，对霉菌菌落蔓延生长也有抑制作用。同时，平板反面菌落由孟加拉红产生的红色也有助于霉菌和酵母菌计数，因此一般包装饮用水类食品的霉菌和酵母菌检测选用孟加拉红培养基。

④ 琼脂凝固后，正置（避免长出的孢子扩散）平板，置于（28±1）℃培养箱中培养，观察并记录 5 d 的结果。因霉菌和酵母菌培养时间较长，建议在培养箱中放一装水敞口容器，避免培养基干裂。

五、实验结果分析

① 计算同一稀释度的两个平板菌落数的平均值，再将平均值乘以相应稀释倍数。

② 若有两个稀释度平板上菌落数均在 10～150 CFU，则按照 GB 4789.2 的相应规定进行计算。

③ 若所有平板上菌落数均大于 150 CFU，则对稀释度最高的平板进行计数，其他平板可记录为多不可计，结果按平均菌落数乘以最高稀释倍数计算。

④ 若所有平板上菌落数均小于 10 CFU，则应按稀释度最低的平均菌落数乘以稀释倍数计算。

⑤ 若所有稀释度（包括液体样品原液）平板均无菌落生长，则以小于 1 乘以最低稀释倍数计算。

⑥ 若所有稀释度的平板菌落数均不在 10～150 CFU，其中一部分小于 10 CFU 或大于 150 CFU 时，则以最接近 10 CFU 或 150 CFU 的平均菌落数乘以稀释倍数计算。

六、实验报告

称重取样以 CFU/g 为单位报告，体积取样以 CFU/mL 为单位报告，报告或分别报告霉菌和（或）酵母菌数。

七、思考题

霉菌和酵母菌计数测定中应该注意什么？

实验 26　食品商业无菌检验

一、实验目的

① 了解食品商业无菌检验的意义。

② 了解食品商业无菌检验的方法。

二、实验原理

商业无菌是指罐头食品经适度的热杀菌后，不含有致病的微生物，也不含有在通常温度下能在其中繁殖的非致病性微生物的状态。各种密闭容器（包括玻璃瓶、金属罐、软包装等），经过适度的热杀菌后都可达到商业无菌，在常温下能较长时间保存。

商业无菌不是绝对无菌，而是要求不允许有害微生物存在。在通常的商品流通及贮藏过程中，不会有微生物生长繁殖，也不会引起食品腐败变质或因致病菌的毒素产生而影响人体健康。

将真空包装罐头食品在特定温度下分别保温 10d。保温过程中，罐头内未被充分杀死的微生物会利用罐头食品本身的营养进行生长繁殖，导致产品感官和 pH 改变，并产生气体，镜检可见明显的微生物增殖。生产企业也可以通过《食品安全国家标准　食品微生物学检验　商业无菌检验》（GB 4789. 26—2013）附录 B 异常原因分析进行接种培养，证实微生物的菌相，找出罐头腐败的原因以及生产过程中疏漏的环节。

三、实验材料与器具

高压灭菌锅，超净工作台，恒温培养箱，天平，均质器，移液器，无菌生理盐水，结晶紫染色液，二甲苯，含 4%碘酊乙醇溶液，无菌采样瓶（袋），剪刀，镊子，记号笔等。

四、实验方法

（一）样品准备

去除表面标签，在包装容器表面用防水的油性记号笔做好标记，并记录容器、编号、产品性状、泄漏情况、是否有小孔或锈蚀、压痕、膨胀及其他异常情况。

（二）称重

1 kg 及以下的包装物精确到 1 g，1 kg 以上的包装物精确到 2 g，10 kg 以上的包装物精确到 10 g，并记录。

（三）保温

① 每个批次取 1 个样品置于 2~5℃ 冰箱保存作为对照，将其余样品在（36±1）℃ 下保温 10 d。保温过程中应每天检查，如有膨胀或泄漏现象，应立即剔出，开启检查。

② 保温结束时，再次称重并记录，比较保温前后样品重量有无变化。如有变轻，表

明样品发生泄漏。将所有包装物置于室温直至开启检查。

（四）开启

① 如有膨胀的样品，则将样品先置于2~5℃冰箱内冷藏数小时后开启。

② 用冷水和洗涤剂清洗待检样品的光滑面，水冲洗后用无菌毛巾擦干。以含4%碘酊乙醇溶液浸泡消毒光滑面15 min后用无菌毛巾擦干，在密闭罩内点燃至表面残余的碘酊乙醇溶液全部燃烧完。膨胀样品以及采用易燃包装材料包装的样品不能灼烧，以含4%碘酊乙醇溶液浸泡消毒光滑面30 min后用无菌毛巾擦干。

③ 在超净工作台或百级洁净实验室中开启，带汤汁的样品开启前应适当振摇。使用无菌开罐器在消毒后的罐头光滑面开启一个适当大小的口，开罐时不得伤及卷边结构，每一个罐头单独使用一个开罐器，不得交叉使用。如样品为软包装，可以使用灭菌剪刀开启，不得损坏接口处。立即在开口上方嗅闻气味，并记录。

（五）留样

开启后，用灭菌吸管或其他适当工具以无菌操作取出内容物至少30 mL（g）至灭菌容器内，保存于2~5℃冰箱中，在需要时可用于进一步试验，待该批样品得出检验结论后可弃去。开启后的样品可进行适当的保存，以备日后容器检查时使用。

（六）感官检验

在光线充足、空气清洁无异味的检验室中，将样品内容物倾入白色搪瓷盘内，对产品的组织、形态、色泽和气味等进行观察和嗅闻，按压检查产品性状，鉴别食品有无腐败变质的迹象，同时观察包装容器内部和外部的情况，并记录。

（七）pH测定

1. 样品处理

① 液态制品混匀备用，有固相和液相的制品则取混匀的液相部分备用。

② 对于稠厚或半稠厚制品以及难以从中分出汁液的制品（如糖浆、果酱、果冻、油脂等），取一部分样品在均质器或研钵中研磨，如果研磨后的样品仍太稠厚，加入等量的无菌蒸馏水，混匀备用。

2. 测定

① 将电极插入被测试样液中，并将pH计的温度校正器调节到被测液的温度。如果仪器没有温度校正系统，被测试样液的温度应调到（20±2）℃，采用适合于所用pH计的步骤进行测定。当读数稳定后，从仪器的标度上直接读出pH，精确到0.05 pH单位。

② 同一个制备试样至少进行两次测定。两次测定结果之差应不超过0.1 pH单位。取两次测定的算术平均值作为结果，报告精确到0.05 pH单位。

3. 分析结果

与同批中冷藏保存对照样品相比，比较是否有显著差异。pH相差0.5及以上判为显著差异。

（八）涂片染色镜检

1. 涂片

取样品内容物进行涂片。带汤汁的样品可用接种环挑取汤汁涂于载玻片上，固态食品可直接涂片或用少量灭菌生理盐水稀释后涂片，待干后用火焰固定。油脂性食品涂片自然干燥并火焰固定后，用二甲苯流洗，自然干燥。

2. 染色镜检

对上一步骤中涂片用结晶紫染色液进行单染色，干燥后镜检，至少观察5个视野，记录菌体的形态特征以及每个视野的菌数。与同批冷藏保存对照样品相比，判断是否有明显的微生物增殖现象。菌数有百倍或百倍以上的增长则判为明显增殖。

注意事项：

① 在保温过程中，应该每天检查样品的情况，如果发现一个罐头不正常或逐渐鼓起，应及时记录信息。随着培养时间的增长，罐头出现的鼓胀现象不再发展，取出罐头内容物进行感官检查、pH测定、涂片染色镜检（需无菌操作）。其他正常罐在10 d后全部取出。

② 开启时，严重膨胀样品可能会发生爆炸，喷出有毒物。可以采取在膨胀样品上盖一条灭菌毛巾或者用一个无菌漏斗倒扣在样品上等预防措施来防止这类危险的发生。

③ 开启后无菌操作取出30 mL（g）至无菌容器内（注意一定要无菌操作），置于2~5℃冰箱保存备用，待该批样品得出检验结论后再弃去。

五、实验结果分析

① 样品经保温试验未出现泄漏；保温后开启，经感官检验、pH测定、涂片镜检，确证无微生物增殖现象，则可报告该样品为商业无菌。

② 样品经保温试验出现泄漏；保温后开启，经感官检验、pH测定、涂片镜检，确证有微生物增殖现象，则可报告该样品为非商业无菌。

③ 若需核查样品出现膨胀、pH或感官异常、微生物增殖等情况，可取样品内容物的留样按照《食品安全国家标准　食品微生物学检验　商业无菌检验》（GB 4789.26—2013）附录B进行接种培养并报告。若需判定样品包装容器是否出现泄漏，可取开启后的样品按照《食品安全国家标准　食品微生物学检验　商业无菌检验》（GB 4789.26—2013）附录B进行密封性检查并报告。

六、实验报告

请报告所检食品商业无菌检验结果。

七、思考题

① 在罐头食品的商业无菌检验中，保温的目的是什么？开罐前要做好哪些准备工作？

② 罐头食品商业无菌是绝对无菌吗？

③ 如何判断罐头为商业无菌？

④ 引起罐头食品腐败变质的原因有哪些？

实验 27　鲜乳中抗生素残留检验——嗜热链球菌抑制法

一、实验目的

① 了解鲜乳中抗生素残留量对人体的危害性。

② 掌握鲜乳中抗生素残留量测定的方法和原理。

二、实验原理

样品经过 80℃杀菌后，添加嗜热链球菌菌液。培养一段时间后，嗜热链球菌开始增殖。这时候加入代谢底物 2,3,5-氯化三苯四氮唑（TTC），若该样品中不含有抗生素或抗生素的浓度低于检测限，嗜热链球菌将继续增殖，将 TTC 还原为红色物质；相反，如果样品中含有高于检测限的抑菌剂，则嗜热链球菌受到抑制，因此指示剂 TTC 不还原，保持原色。

三、实验材料与器具

灭菌锅，超净工作台，水浴锅，恒温培养箱，冰箱，天平，均质器，移液器，菌落计数器，嗜热链球菌，灭菌脱脂乳，4% 2,3,5-氯化三苯四氮唑（TTC）水溶液，青霉素 G 溶液，无菌采样瓶（袋），剪刀，镊子，试管，试管架，记号笔等。

四、实验方法

（一）菌种活化

取一接种环嗜热链球菌菌种，接种在 9 mL 灭菌脱脂乳中，置于（36±1）℃恒温培养箱中培养 12~15 h 后，置于 2~5℃ 冰箱保存备用。每 15 d 转种一次。

（二）测试菌液

将经过活化的嗜热链球菌菌种接种灭菌脱脂乳，（36±1）℃ 培养（15±1）h，加入相同体积的灭菌脱脂乳混匀稀释成为测试菌液。

（三）培养

取样品 9 mL，置 18 mm×180 mm 试管内，每份样品另外做一份平行样。同时再做阴性和阳性对照各一份，阳性对照管用 9 mL 青霉素 G 参照溶液，阴性对照管用 9 mL 灭菌脱脂乳。所有试管置于（80±2）℃水浴加热 5 min，冷却至 37℃以下，加入测试菌液 1 mL，轻轻旋转试管混匀。(36±1)℃ 水浴培养 2 h，加 4% TTC 水溶液 0.3 mL，在旋涡混合器上混合 15 s 或振动试管混匀。(36±1)℃ 水浴避光培养 30 min，观察颜色变化。如果颜色没有变化，于水浴中继续避光培养 30 min 进行最终观察。观察时要迅速，避免光照过久出现干扰。

注意事项：

《食品卫生微生物学检验　鲜乳中抗生素残留检验》（GB 4789.27—2008）的第一法

适用于鲜乳中能抑制嗜热链球菌（*Streptococcus thermophilus*）的抗生素的检验；第二法适用于鲜乳中能抑制嗜热脂肪芽孢杆菌卡利德变种（*Bacillus stearothermophilus* var. *calidolactis*）的抗生素的检验，也可用于复原乳、消毒灭菌乳、乳粉中抗生素的检测。

五、实验结果分析

在白色背景前观察，试管中样品呈乳的原色时，指示乳中有抗生素存在，为阳性结果。试管中样品呈红色为阴性结果。如最终观察现象仍为可疑，建议重新检测。

六、实验报告

请根据实验现象，判断所检鲜乳样本是否被抗生素污染。

七、思考题

① 简述鲜乳中抗生素残留量测定的基本原理。

② 简述嗜热乳链球菌菌种保存和活化方法。

专题三　环境微生物学

思政案例 3

实验 28　沉降法检测空气中微生物数量

一、实验目的

① 了解不同环境中空气中微生物的分布状况。

② 掌握沉降法检测和计数空气中微生物的方法。

二、实验原理

空气是人类赖以生存的的基本条件，也是微生物扩散的媒介之一。数量庞大的微生物以气溶胶的形式存在于空气中。空气中的细菌总数常作为室内空气质量的指标，表示空气受到微生物污染的程度，可用于食品工厂、医院、街道、宿舍等各种场所空气质量的评价。目前，根据我国《室内空气质量标准》（GB/T 18883—2022），室内 1 m^3空气中撞击法细菌总数≤1500 CFU/m^3，沉降法的细菌总数≤45 CFU/皿。

检测空气中微生物的方法包括沉降法、撞击法、液体过滤法、离心法、滤膜法、静电吸附法，其中较为常用有沉降法和液体过滤法。自然沉降法是指悬浮在大气中的含有微生物的尘粒或液滴在重力的作用下，以垂直的形式自然降落在合适的琼脂培养基表面，在适温的培养箱中培养一段时间后，计算培养基上的菌落数量。

三、实验材料与器具

1. 培养基

牛肉膏蛋白胨培养基，马铃薯蔗糖培养基，高氏Ⅰ号培养基。

2. 仪器及其他用品

恒温培养箱，超净工作台等。

四、实验方法

（一）点位布设

1. 环境要求

采样前，应关闭门窗、空气净化设备及新风系统至少 12 h。采样时，门窗、空气净化设备及新风系统仍应保持关闭状态。使用空调的室内环境，应保持空调正常运转。

2. 采用点数量

采样点的数量应根据所监测的室内面积和现场情况而定，正确反映室内空气污染物水平。单间小于 25 m^2的房间应设 1 个点；25～50 m^3（不含）应设 2～3 个点；50～100 m^3

(不含) 应设 3~5 个点；100 m^2及以上应至少设 5 个点。

3. 布点方式

单点采样在房屋的中心位置布点，多点采样时应按对角线或梅花式均匀布点。采样点应避开通风口和热源，离墙壁距离应大于 0.5 m，离门窗距离应大于 1 m。

4. 采样点高度

原则上应与成人的呼吸带高度相一致，相对高度在 0.5~1.5 m。在有条件的情况下，考虑坐卧状态的呼吸高度和儿童身高，增加 0.3~0.6 m 相对高度的采样。

(二) 实验步骤

1. 平板制备

将灭菌的牛肉膏蛋白胨培养基、马铃薯蔗糖培养基、高氏 Ⅰ 号培养基各倒 16 皿（1 皿为空白对照），冷凝后备用。

2. 采样

每个采用点牛肉膏蛋白胨培养基、马铃薯蔗糖培养基、高氏 Ⅰ 号培养基各放置 3 皿，打开皿盖，暴露在空气中 5~10 min 后，迅速盖上皿盖。

3. 培养观察

将牛肉膏蛋白胨培养基倒置于 37℃培养 24~48 h，马铃薯蔗糖培养基和高氏 Ⅰ 号培养基倒置于 28℃分别培养 3~5 d 和 5~7 d。观察培养基表面各种菌落的颜色、大小、形态等特征。

4. 计数

记录各种微生物种类及数量。

注意事项：

① 平板采集空气中微生物过程中，若在室内，应当关闭门窗并减少人员走动，避免扰动空气，干扰实验结果。

② 倒平板时，应冷却至 50℃左右，减少培养基表面冷凝水，以免细菌菌落连成片，导致无法计数。

五、实验结果分析

根据奥梅梁斯基公式，5 min 内落于面积 100 cm^2营养琼脂平板上的细菌数，与 10 L 空气中所含的细菌数相同。

$$C = \frac{1000N}{A/100 \times T \times 10/5}$$

式中：C——每立方米空气中活菌数；

A——采样培养皿面积，cm^2；

N——菌落数；

T——暴露时间，min。

六、实验报告

记录各种微生物种类及数量，并填入表 28-1 中。

表 28-1　空气中微生物检测结果

地点		菌落数/（CFU/皿）		
		细菌	霉菌	放线菌
1				
2				

七、思考题

① 通过微生物的分布实验，可以说明什么?

② 自然沉降法检测环境空气质量的优缺点。

实验 29　多管发酵法检测水中的大肠菌群

一、实验目的

① 学习和掌握水中大肠菌群的检验方法。

② 了解检测水体中大肠菌群数量的原理和意义。

二、实验原理

总大肠菌群（total coliforms），也称大肠菌群（coliform group 或 coliforms），是指一群在 37℃培养 24 h 能发酵乳糖产酸产气，需氧和兼性厌氧的革兰氏阴性无芽孢杆菌。通常包括肠杆菌科中的大肠埃希氏菌属（*Escherichia*）、肠杆菌属（*Enterobacter*）、柠檬酸细菌属（*Citrobacter*）和克雷伯氏菌属（*Klebsiella*）。该菌群主要来源于人畜粪便，数量多，与多数病原菌存活期相近；被用作粪便污染的指示菌，是生活饮用水的卫生质量评价指标。根据我国现行的《生活饮用水卫生标准》（GB 5749—2022）规定：100 mL 饮用水中不得检出总大肠菌群。

总大肠菌群的测定方法主要有滤膜法和多管发酵法。滤膜法适用于自来水或饮用水等含菌量较少的水体检测，而多管发酵法适用范围较广。多管发酵法的检测原理是利用大肠菌群能发酵乳糖产酸产气等特征，通过初发酵、平板分离和复发酵检验大肠菌群数。根据实验结果确定总大肠菌群阳性管数量，查最大可能数（most probable number，MPN）表计算出总大肠菌群数。目前，我国大多数环保部门，卫生单位和水厂常采用此法。

三、实验材料与器具

1. 培养基

牛肉膏蛋白胨琼脂培养基，伊红美蓝琼脂培养基（EMB 培养基），乳糖蛋白胨培养基（加倒置的杜氏小管），3 倍浓缩乳糖蛋白胨培养基（加倒置的杜氏小管）。

2. 仪器

高压蒸汽灭菌锅，恒温培养箱，超净工作台，电子显微镜，载玻片，酒精灯，接种环等。

四、实验方法

（一）采样

1. 自来水

将自来水龙头用火焰灼烧 3~5 min 进行灭菌，再放水 5~10 min 后，取无菌容器接取适量水样，立即检测或置于 4℃贮存备用，一般不超过 24 h。如果水中有余氯，在水样容器灭菌前，加入少量硫代硫酸钠溶液（每 500 mL 水样加入 3%$Na_2S_2O_3$溶液 1 mL）进行除氯，避免氯的杀菌作用干扰。

2. 江河湖池水

将无菌采样瓶浸没于水下至10~15 cm深处，打开瓶盖，收集足够水样后，盖上瓶盖，从水下提起采样瓶，迅速带回实验室进行检测分析。

（二）多管发酵法检测大肠菌群数

1. 初发酵

取5支装有5 mL 3倍浓缩乳糖蛋白胨液体培养基的初发酵管，按无菌操作要求，各管分别加入10 mL水样；另取5支装有10 mL乳糖蛋白胨液体培养基的初发酵管，各管分别加入1 mL水样；再取5支装有10 mL乳糖蛋白胨培养基的初发酵管，各管分别加入1 mL 10^{-1}稀释水样（相当于0.1 mL水样），此即15管发酵法。各管充分混匀后，置于37℃培养箱内培养24 h，取出观察是否产酸产气，记录结果。

根据待测水样污染程度选择稀释梯度，除污染严重，一般水样稀释10倍（即分别接种水样1 mL、0.1 mL和0.01 mL），100倍（即分别接种水样0.1 mL、0.01 mL和0.001 mL）。稀释方法按照10倍梯度稀释法。此时均采用单倍乳糖蛋白胨培养基，无须浓缩培养基。

2. 平板分离

将产酸产气或只产酸不产气的发酵管取出，进行平板划线分离。无菌操作条件下，划线接种于伊红美蓝琼脂培养基上，37℃培养18~24 h后，观察菌落特征。大肠菌群菌落有以下特征：深紫色，泛绿色金属光泽（类似金龟子颜色）的菌落；深紫色不带金属光泽的菌落；浅紫色，中心颜色较深的菌落。

3. 复发酵

无菌操作挑取部分伊红美蓝培养基上典型菌落，进行革兰氏染色，革兰氏染色呈阴性，无芽孢杆菌，则挑取剩余部分接入乳糖蛋白胨液体培养基试管中，37℃培养24 h，进行复发酵。若产酸产气，则证实存在大肠菌群，记为阳性。

根据确认的阳性管数量，查MPN表即得大肠菌群数。

注意事项：

① 水样需及时检测，暂时不使用则必须储存于4℃冰箱。清洁度较好的水一般不超过12 h，清洁度较差的水不能超过6 h。

② 污染严重的水样，可根据初发酵结果计算大肠菌群数。

五、实验结果分析

根据证实为总大肠菌群阳性的管数，查MPN表（表29-1），报告每100 mL水样中的总大肠菌群MPN值。稀释样品查表后所得结果应乘稀释倍数。如所有乳糖发酵管均为阴性，可报告总大肠菌群未检出。

表29-1　总大肠菌群MPN表

接种量/mL			MPN/100 mL	接种量/mL			MPN/100 mL	接种量/mL			MPN/100 mL
10	1	0.1		10	1	0.1		10	1	0.1	
0	0	0	<2	1	0	3	8	2	1	0	7

续表

接种量/mL			MPN/100 mL	接种量/mL			MPN/100 mL	接种量/mL			MPN/100 mL
10	1	0.1		10	1	0.1		10	1	0.1	
0	0	1	2	1	0	4	10	2	1	1	9
0	0	2	4	1	0	5	12	2	1	2	12
0	0	3	5	1	1	0	4	2	1	3	14
0	0	4	7	1	1	1	6	2	1	4	17
0	0	5	9	1	1	2	8	2	1	5	19
0	1	0	2	1	1	3	10	2	2	0	9
0	1	1	4	1	1	4	12	2	2	1	12
0	1	2	6	1	1	5	14	2	2	2	14
0	1	3	7	1	2	0	6	2	2	3	17
0	1	4	9	1	2	1	8	2	2	4	19
0	1	5	11	1	2	2	10	2	2	5	22
0	2	0	4	1	2	3	12	2	3	0	12
0	2	1	6	1	2	4	15	2	3	1	14
0	2	2	7	1	2	5	17	2	3	2	17
0	2	3	9	1	3	0	8	2	3	3	20
0	2	4	11	1	3	1	10	2	3	4	22
0	2	5	13	1	3	2	12	2	3	5	25
0	3	0	6	1	3	3	15	2	4	0	15
0	3	1	7	1	3	4	17	2	4	1	17
0	3	2	9	1	3	5	19	2	4	2	20
0	3	3	11	1	4	0	11	2	4	3	23
0	3	4	13	1	4	1	13	2	4	4	25
0	3	5	15	1	4	2	15	2	4	5	28
0	4	0	8	1	4	3	17	2	5	0	17
0	4	1	9	1	4	4	19	2	5	1	20
0	4	2	11	1	4	5	22	2	5	2	23
0	4	3	13	1	5	0	13	2	5	3	25
0	4	4	15	1	5	1	15	2	5	4	29
0	4	5	17	1	5	2	17	2	5	5	32
0	5	0	9	1	5	3	19	3	0	0	8

续表

接种量/mL			MPN/100 mL	接种量/mL			MPN/100 mL	接种量/mL			MPN/100 mL
10	1	0.1		10	1	0.1		10	1	0.1	
0	5	1	11	1	5	4	22	3	0	1	11
0	5	2	13	1	5	5	24	3	0	2	13
0	5	3	15	2	0	0	5	3	0	3	16
0	5	4	17	2	0	1	7	3	0	4	20
0	5	5	19	2	0	2	9	3	0	5	23
1	0	0	2	2	0	3	12	3	1	0	11
1	0	1	4	2	0	4	14	3	1	1	14
1	0	2	6	2	0	5	16	3	1	2	17

六、实验报告

将水样初发酵和复发酵结果记录于表 29-2 中。根据证实的阳性管数查 MPN 表，计算出 1 L 水样含大肠菌群数。

表 29-2　实验结果记录表

水样处理	水样体积/mL			总大肠菌群数
初发酵	10	1	0.1	
复发酵				

七、思考题

① 什么是总大肠菌群？测定大肠菌群数有什么意义？

② 根据自行测定的水样结果，判断其是否符合饮用水标准？

实验 30　活性污泥中生物相观察

一、实验目的

① 熟练掌握显微镜的操作方法。

② 学习和掌握压滴法制备装片，观察活性污泥中生物相的方法。

③ 了解活性污泥中生物相与污泥性能之间的关系。

二、实验原理

活性污泥是多种微生物群体与污废水中有机和无机固体物质混凝交织在一起的混合物，微生物吸附并利用有机物，获得能量不断生长繁殖，同时污水得以净化，因此活性污泥是污水生物处理系统的主体。活性污泥（或生物膜）组成比较复杂，主要包括细菌形成的菌胶团，还有其他微生物，如霉菌、放线菌、酵母菌、原生动物和微型后生动物等。

活性污泥相包括微生物的种类，微生物的活动情况以及菌胶团的形态质地，反映了污泥生物性能的重要特征。构成活性污泥的微生物种群一般相对稳定，但当营养条件（污水种类、化学组成、浓度）、pH、温度、供氧等环境条件发生改变，其种群构成随之改变。发育良好的活性污泥絮凝性好，结构稠密，沉降性能强。曝气池处理系统运行正常时，游泳型或固着型纤毛类原生动物占优势，污水处理效果好；后生动物轮虫大量出现，说明活性污泥老化；丝状微生物是污泥絮凝体的骨架，但其占优势，甚至伸出絮凝体，则会导致污泥膨胀。通过观察污泥生物相的状况，可以判断污水处理的运行情况，有利于及时采取有效措施，提供生物处理效率。

三、实验材料与器具

1. 样品

污水处理厂污泥（或生物膜）。

2. 仪器

显微镜，镜台测微尺，目镜测微尺，微型动物计数板。

3. 试剂

石炭酸复红染液。

4. 其他用具

载玻片，滴管，盖玻片，接种环。

四、实验方法

（一）测污泥沉降比

将 100 mL 污泥混合液摇匀，倒入量筒中后，静置 30 min，测量沉降污泥与静置前污泥混合液体积比。

（二）观察活性污泥生物相

1. 压滴法制片

① 取活性污泥混合液1滴，置于洁净的载玻片中央，加盖盖玻片制成水浸片。用镊子取一片盖玻片从一侧接触水滴边缘，轻轻放下盖玻片，避免产生气泡。用吸水纸吸去周围溢出的水分。

② 观察丝状细菌显微特征时，需要使用油镜染色后观察。涂片，自然干燥后，滴加石炭酸复红染液，1 min后，水洗，用吸水纸吸去周围的水分。

2. 镜检

① 低倍镜下观察生物相全貌，如污泥的结构松紧度，菌胶团和丝状菌的生长状况，絮粒大小。观察污泥内细菌分布状况，微型动物的种类和活动情况，并绘制形态草图。圆形或近圆形，紧实的絮粒之间易于凝聚，浓缩和沉降性能好。不规则形状，松散，边缘不清晰的絮粒沉降性能差。

② 高倍镜下观察菌胶团和絮粒间的联系，细菌和丝状菌的形态，微型动物内外形态结构，并绘制草图，如钟虫内是否有食物胞，纤毛摆动情况等。

③ 低倍镜和高倍镜下，观察染色片丝状细菌形态特征。油镜下观察丝状细菌是否存在假分支和衣鞘，菌体在衣鞘内的排列，是否存在贮藏物质及其类型。

3. 污泥絮粒大小测定

在显微镜内安装目镜测微尺（使用方法可参考细菌大小的测定），用镜台测微尺校正目镜测微尺后，测量絮粒大小。随机选取50个絮粒，测量其大小并记录。絮粒的大小会影响污泥最初沉降速度，絮粒越大，沉降性能越好。记录测定结果，计算各粒级所占比例。

4. 污泥絮粒中丝状细菌的测定

低倍镜、高倍镜和油镜下观察记录丝状细菌的数量。根据活性污泥中丝状细菌和菌胶团细菌的比例，将丝状细菌分为5个等级。

0级：污泥絮粒中看不见丝状细菌；

±级：污泥絮粒中可见少量丝状细菌；

+级：污泥絮粒中存在一定数量丝状细菌，但总量少于菌胶团细菌；

++级：污泥絮粒中存在大量丝状细菌，总量与菌胶团细菌大致相等；

+++级：污泥絮粒中丝状细菌为骨架，总量超过菌胶团细菌。

5. 微型动物的分类计数

用洁净的滴管吹吸3次，吸取少量污泥混合液，滴至微型动物计数板中央方格内，加盖干净的大号盖玻片，用吸水纸吸取多余的液体，注意不可有气泡产生。

在低倍镜下，污泥混合液未必覆盖100小格，只需逐个计数有污泥絮粒的小方格即可。

例如，假设1滴稀释10倍的污泥混合液，测得钟虫30只，则每毫升混合液中钟虫数量为$30\times20\times10=6000$（只）。

注意事项：

① 镜检前，污泥样品需要适当稀释或水洗，使絮粒充分相互分离，便于观察。

② 测定丝状细菌时，观察并记录与菌胶团细菌的比例。

③ 有些游泳型微型动物运动较快，可适度麻醉，但不可影响其形态。

五、实验结果分析

① 根据絮粒平均大小，可分为 3 个等级。

大粒污泥：絮粒平均直径 >500 μm；中粒污泥：絮粒平均直径 150～500 μm；小粒污泥：絮粒平均直径 <150 μm。

② 根据活性污泥中丝状细菌和菌胶团细菌的比例，将丝状细菌分为 5 个等级。

0 级：污泥絮粒中看不见丝状细菌；

±级：污泥絮粒中可见少量丝状细菌；

+级：污泥絮粒中存在一定数量丝状细菌，但总量少于菌胶团细菌；

++级：污泥絮粒中存在大量丝状细菌，总量与菌胶团细菌大致相等；

+++级：污泥絮粒中丝状细菌为骨架，总量超过菌胶团细菌。

六、实验报告

① 将实验结果填入表 30-1 中。

表 30-1　实验结果记录表

项目	特征	
絮粒形态	圆形、不规则形	
絮粒结构	开放、封闭	
絮粒紧实度	疏松、紧密	
絮粒大小	大、中、小	
丝状细菌数量	0 级、±级、+级、++级、+++级	
微型动物	种类、分布、数量	

② 根据絮粒大小，丝状细菌所占比例，判断活性污泥沉降性能和污水处理系统的运行情况。

七、思考题

① 可以通过哪些生物相指标评价活性污泥处理系统污水处理效果？

② 在活性污泥和生物膜中哪些种类的微型动物有指示作用？

实验31　水中五日生化需氧量（BOD_5）的测定

一、实验目的

① 学习和掌握水中生化需氧量（BOD_5）的测定方法。

② 了解生化需氧量（BOD_5）的测定原理。

二、实验原理

生化需氧量（biochemical oxygen demand，BOD）一般是指1L污水中所含的一部分易于氧化的物质，当微生物氧化降解时，所消耗的氧的毫克数（mg/L）。一般在20℃下，培养5昼夜，分别测定培养前后氧的消耗量，故常用BOD_5来表示。生化需氧量是水中有机物含量的间接指标，主要用于监测水体中有机物的污染状况。取原水或稀释水样，使其充满足够的溶解氧，将样品分成两份，一份测定当日溶解氧的量，另一份于20℃培养5 d后测溶解氧的量。两份样品质量浓度差即为五日需氧量。

对于溶解氧浓度较高，有机物含量少的废水可用非稀释法。可用于测定BOD_5的浓度范围为0.5~6 mg/L。反之稀释接种法可用于测定BOD_5浓度范围为1.5~6000 mg/L的样品。对于含氯的污水，需用Na_2SO_3除去余氯。废水中存在难以降解或有毒物质时，应接入特定驯化后的微生物。

三、实验材料与器具

1. 试剂

① 磷酸盐缓冲溶液（pH 7.2）：称取8.5 g磷酸二氢钾，21.8 g磷酸氢二钾，33.4 g七水合磷酸氢二钠和1.7 g氯化铵，溶于水，定容至1000 mL，pH 7.2；

② 氯化铁溶液：称取0.25 g六水合氯化铁，用水定容至1 L；

③ 氯化钙溶液：称取27.6 g无水氯化钙，用水定容至1 L；

④ 硫酸镁溶液：称取22.5 g七水合硫酸镁，用水定容至1 L；

⑤ 葡萄糖-谷氨酸标准溶液：称取葡萄糖和谷氨酸（130℃干燥1 h，恒重后）各0.15 g，溶于水，定容至1 L。此溶液BOD_5为（210±20）mg/L，现配现用。可少量冷冻保存；

⑥ 1 mol/L氢氧化钠溶液，1 mol/L盐酸溶液，溶于1000 mL水，过滤后使用；

⑦ 亚硫酸钠溶液：称取1.575 g亚硫酸钠溶于水，定容至1L，需现配现用；

⑧ 硫酸锰溶液：称取480 g四水合硫酸锰，溶于1000 mL水，过滤后使用；

⑨ 碱性碘化钾溶液：称取500 g氢氧化钠溶于300~400 mL水。另称取150 g碘化钾溶于200 mL水中，待氢氧化钠完全溶解冷却后，将两种溶液混匀，定容至1 L，棕色瓶储存，橡胶塞塞紧；

⑩ 硫代硫酸钠溶液：称取五水合硫代硫酸钠2.5 g，溶于煮沸后冷却的水中，加入氢

氧化钠 0.4 g，稀释至 1 L，储于棕色瓶待用；

⑪ KIO_3溶液：将 KIO_3于 180℃干燥至恒温，称取 0.3567 g，用水定容至 1 L；

⑫ 淀粉溶液：5 g/L 溶液，现配现用。

2. 仪器

棕色培养瓶，细口瓶，恒温培养箱，抽气泵，移液管。

四、实验方法

（一）水样采集与保存

城市污水多采用生活污水，室温下放置一昼夜，取上清水样，注满棕色玻璃瓶，应密封不透气，不留气泡。尽量在 2 h 内测定，如在 6 h 内测定，需 0~4℃避光保存和运输。保存时间不能超过 12 h。

（二）水样的稀释

1. 制备稀释水

5~20 L 的玻璃瓶中加入一定量的蒸馏水，用抽气泵通入洁净的空气 1 h，使水中的溶解氧饱和（20℃时溶解氧 > 8 mg/L）。加至 10 L 的细口瓶中，使用前每升水中分别加入磷酸盐缓冲溶液、硫酸镁溶液、氯化钙溶液、氯化铁溶液各 1 mL，混匀后。20℃条件下曝气至少1 h，稳定放置 1 h 以上且 24 h 内使用。pH 为 7.2，BOD_5< 0.2 mg/L。

2. 稀释倍数

根据样品的总有机碳（TOC）、高锰酸盐指数（I_{Mn}）、化学需氧量（COD_{Cr}）等来估算。将样品稀释至 BOD_5 2~6 mg/L。一份样品做 2~3 个稀释倍数。

先取少量稀释水于 1 L 的量筒中，用虹吸管加入一定量的水样，再加入稀释水至相应的刻度。

（三）样品前处理

样品若含少量氯，静置 2 h 后可去除。仍有余氯，加入适量亚硫酸钠清除。水样 pH 可以用 1 mol/L 氢氧化钠或 1 mol/L 盐酸调至 6~8，最好在 7.2。

（四）水样 BOD_5的测定

按稀释法将稀释后的水样（非稀释法直接将待测水样）通过虹吸管转入 2 个溶解氧瓶中。立即测定其中 1 瓶的溶解氧浓度，即为培养前水样的溶解氧浓度。

（五）培养

另一瓶马上盖上瓶盖，加水封；培养期间需添加水封水防止其蒸发。20℃恒温培养 5 d后，测定水样溶解氧浓度（培养前溶解氧浓度应 >8 mg/L，培养后溶解氧浓度应 >2 mg/L）。稀释水作为溶解氧测定的阴性对照，葡萄糖-谷氨酸标准溶液作为阳性对照。

（六）碘量法测定溶解氧

1. 硫代硫酸钠标准溶液的标定

配制 100 mL 0.5%碘化钾溶液。加入 5 mL 硫酸溶液（2 mol/L），混匀后，加入 20 mL KIO_3溶液，稀释至 200 mL。立即用硫代硫酸钠溶液滴定释放出的碘。滴定至溶液呈浅黄色，加入 1 mL 淀粉溶液，继续滴定至蓝色消失，完全无色。记录硫代硫酸钠溶液的体积，代入下式，求出硫代硫酸钠的浓度 C_1（mmol/L）。

$$C_1 = \frac{6 \times 20 \times 1.66}{V}$$

式中：V——硫代硫酸钠溶液的滴定体积，mL。

2. 溶解氧的固定

具塞 250 mL 的细口瓶取样，立即加入 1 mL 硫酸锰溶液和 2 mL 碱性碘化钾溶液（小心加于液面以下），塞好瓶塞，上下颠倒混匀，静置后取样。打开瓶塞，液面下加入 3 mL 3% 硫酸溶液，小心盖好瓶塞，上下颠倒摇匀，避光静置 5 min。

3. 游离 I_2

将细口瓶静置，确保沉淀物处于细口瓶 1/3 部位。吸取 1.5 mL 上清液，缓慢加入 1.5 mL 硫酸溶液（1∶1，体积比），盖上瓶盖，摇匀，直至沉淀完全溶解。

4. 滴定

将上述溶液移至三角瓶中，用硫代硫酸钠标准溶液，方法同硫代硫酸钠标准溶液的标定。接近终点时，加入淀粉溶液，继续滴定直至完全无色。记录滴定所用体积，代入下式可算出溶解氧的含量 C_2（mg/L）。

$$C_2 = \frac{Mr \times V_2 \times C_1 \times V_0}{4 \times V_1 \times (V_0 - V')}$$

式中：Mr——O_2分子质量，$Mr=32$；

V_0——细口瓶体积，mL；

V_1——滴定的水样体积，mL，一般取 100 mL，当直接滴定细口瓶水样，则 $V_0=V_1$；

V_2——滴定时消耗的硫代硫酸钠标准溶液体积，mL；

V'——滴定时加入硫酸锰溶液和碱性碘化钾溶液的总体积，mL；

C_1——滴定时所用硫代硫酸钠标准溶液实际浓度，mol/L。

注意事项：

① 严格控制培养时间和温度；

② 水样中游离氯>0.1 mg/L 时，应加入硫代硫酸钠去除；

③ 培养时溶解氧瓶需充满水，若残留气泡会使得检测结果偏高；

④ 碘量法测定溶解氧较准确，但过程较烦琐，也可采用溶解氧测定仪进行测定。

五、实验结果分析

1. 溶解氧含量计算

根据滴定的结果，分别计算水样在培养前后的溶解氧含量 ρ_1 和 ρ_2，空白样（稀释用水）培养前后溶解氧含量 ρ_3 和 ρ_4，结果填入表 31-1 中。

表 31-1　水样和空白样培养前后溶解氧含量　　单位：mg/L

样品	水样培养前（ρ_1）	水样培养后（ρ_2）	空白样培养前（ρ_3）	空白样培养后（ρ_4）
溶解氧含量				

2. 水样 BOD_5的计算

根据水质法计算 BOD_5，代入下式：

$$BOD_5(mg/L)=\frac{[(\rho_1-\rho_2)-(\rho_3-\rho_4)]V_3}{V_4}$$

式中：V_3——稀释后水样的体积，mL；

V_4——原水样在水样培养液中的体积，mL。

六、注意事项

① 严格控制培养时间和温度。

② 水样中游离氯>0.1 mg/L 时，应加入硫代硫酸钠去除。

③ 培养时溶解氧瓶需充满水，若残留气泡会使检测结果偏高。

④ 碘量法测定溶解氧较准确，但过程较烦琐，也可采用溶解氧测定仪进行测定。

七、实验报告

记录滴定用硫代硫酸钠标准溶液体积，并代入公式算出溶解氧浓度，进一步代入公式求出 BOD_5 值。

八、思考题

① 哪些因素影响 BOD_5 的测定？

② BOD_5测定有什么实践意义？

实验32　用 Ames 法监测环境中的致癌物

一、实验目的

① 学习和掌握 Ames 法快速检验环境中致癌物的方法。

② 了解 Ames 法检测致癌物的基本原理。

二、实验原理

癌症是威胁人类生命健康的重大疾病之一，其起因目前尚不明确，但众多研究表明其与人们的生活习惯和环境中化学物质密切相关。因此，如何快速检测环境中致癌、致畸、致突变的物质（“三致类”物质），显得尤为重要。利用微生物对“三致类”物质进行检测有诸多优势。Ames 法是美国加利福尼亚州立大学 B. Ames 教授于 20 世纪 70 年代中期发明的一种简便、快捷、高效的检测“三致类”物质的方法。其原理主要是利用鼠伤寒沙门氏菌（*Salmonella typhimurium*）组氨酸营养缺陷型（his-）在基本培养基上无法生长，而发生回复突变后能生长，以此判断检测物中是否存在致癌致突变的物质。有些物质经过生物代谢后，某些酶的转化产生致癌性或者诱变性。因此一般样品中需要加入鼠肝匀浆。

三、实验材料与器具

1. 菌种

鼠伤寒沙门氏菌 TA98 菌株，野生型 S-CK 菌株（对照菌株）。

2. 试剂

黄曲霉毒素 B_1：50 μg/mL 和 5 μg/mL，咸菜腌制液，市售染发剂。

3. 仪器及其他用具

恒温水浴锅，恒温培养箱，高压蒸汽灭菌锅，低温冰箱，组织匀浆机，低温高速离心机，厚圆滤纸片若干，培养皿，移液器，镊子，恒温培养箱，恒温摇床。

四、实验方法

1. 培养基制备

① 将牛肉膏蛋白胨培养液分装于 10 支试管，每支 5 mL，121℃下灭菌 20 min。

② 底层培养基：$MgSO_4 \cdot 7H_2O$ 0.2 g、柠檬酸 2 g、K_2HPO_4 10 g、磷酸氢铵钠（$NaNH_4HPO_4 \cdot 4H_2O$）3.5 g、葡萄糖 20 g、琼脂粉 15 g、pH 7.0、蒸馏水 1000 mL，112℃下灭菌 30 min。

③上层半固体培养基：NaCl 0.5 g、琼脂粉 0.6 g、蒸馏水 100 mL，将上述各组分混合加热，融化后再加入 10 mL 的 0.5 mmol/L-组氨酸和 0.5 mmol/L D-生物素混合液，加热混匀后速分装到试管中，每管 3 mL，121℃下灭菌 20 min。

2. 菌液制备

从 TA98 菌株斜面上挑取一环菌，接入 5 mL 牛肉膏蛋白胨培养液中，摇匀，放入恒温摇床，37℃培养 10~12 h，得到 1×10^9 ~ 2×10^9 CFU/mL 菌悬液。

3. 底层培养基制备

将底层培养基加热至完全融化，冷却至 50℃左右，按无菌操作要求，分别倾倒入无菌培养皿中，冷凝后倒置。

4. 上层培养基制备

将上层半固体培养基完全融化后，置于 50℃恒温水浴中，备用。取上层半固体培养基试管，分别加入 0.1 mL TA98 菌悬液，混匀后，迅速倒在底层培养基上铺匀，待凝，制得上层培养基。

5. 加入待测样品

用无菌镊子，将待测样液中的厚圆滤纸片（至少浸没 15 min 以上），靠皿沿（沥干多余样液，防止在培养基表面扩散），贴在培养基中央。每个样品两个重复，并做对照，贴未加样品的无菌水。

6. 培养

将加过样品的培养皿及对照放入 37℃培养箱内，培养 24 h（化学品样品）或 48 h（食品农药样品）。

五、注意事项

① 实验前，需对鼠伤寒沙门氏菌 TA98 营养缺陷型 his^-进行确认。

② 制备底层培养基时，温度不能过高，最好在 50℃左右，避免培养基表面冷凝水过多，上层培养基滑动。

③ 制备上层培养基时，动作要迅速，控制在 15~20 s 内完成，否则培养基会凝固。

④ 鼠伤寒沙门氏菌属于条件性致病菌，实验操作者需注意个人安全防护，培养后的带菌培养基应煮沸杀菌后丢弃，所用器具需要用 5%苯酚溶液或煮沸杀菌。

六、实验结果分析

观察各培养皿上鼠伤寒沙门氏菌 TA98 的生长情况。若圆滤纸片周围生长大量密集 his^+菌落，说明存在“三致类”物质；若圆滤纸片周围有一圈透明的抑菌圈，外周存在大量密集 his^+菌落，则说明存在一定浓度的“三致类”物质；若圆滤纸片周围无菌落或仅少数菌落生长，说明不存在“三致类”物质。

七、实验报告

记录实验样本检测结果。

八、思考题

简述艾姆氏试验的原理和实践意义。

专题四　生物技术

实验33　细菌生长曲线的测定

一、实验目的

① 了解细菌生长曲线特点及测定原理。

② 学习用比浊法测定细菌的生长曲线。

二、实验原理

微生物的生长繁殖有一定规律性，将少量的单细胞微生物接种到一定容积的液体培养基后，在适宜的条件下培养，定时取样测定细胞数量。以细胞增长数目的对数为纵坐标，以培养时间为横坐标，绘制成一条曲线，我们称这条曲线为细菌的生长曲线。细菌的生长曲线反映了细菌在培养过程中生长、繁殖和衰亡的规律，在适宜条件下培养，会出现延迟期、对数生长期、稳定期和衰退期4个阶段。

本实验采用浊度法测定细菌生长曲线。在液体培养基中，微生物的量随着培养时间的增加而不断增加，逐渐使培养基浑浊，这一变化可以用分光光度计测定，并可根据不同的时间里测定的数值而做出该种微生物的生长曲线。

基于生长曲线监测微生物的生长和增殖，常用于微生物学及相关领域，用于了解微生物的生长、抗生素药物的疗效以及微生物对新的环境条件和胁迫的反应。

三、实验材料与器具

1. 菌种

大肠杆菌。

2. 培养基

牛肉膏蛋白胨培养基。

3. 器材

超净工作台，高压灭菌锅，分光光度计，发酵罐及相应装置，摇床，移液枪，枪头，酒精灯，接种环，三角瓶，玻璃棒，烧杯。

四、实验方法

1. 接种

选取单菌落生长明显的平板，用接种环挑取适量的菌落转移到灭过菌的种子培养基三角瓶中。将接种好的种子培养基放到摇床中，200 r/min 转速，37℃，培养12~14 h。

2. 生长曲线的测定

以未接菌的培养液作为空白，在分光光度计上调零点。

用分光光度计，从0时开始，每隔2 h测定三角瓶培养液的光密度值（*OD*），每次测定时以未接菌的培养液为空白对照调仪器零点、测定波长600 nm。

以时间为横坐标，以 *OD* 值为纵坐标，制作曲线，即为细菌在该培养条件下的生长曲线。

五、实验结果处理

按照上述的方法测得大肠杆菌的生长曲线的结果见表33-1。以时间为横坐标，以 *OD* 值为纵坐标绘制的生长曲线图如图33-1所示。

表33-1　大肠杆菌的生长曲线的测定结果

时间/h	0	2	4	6	8
OD					
时间/h	10	12	14	16	18
OD					

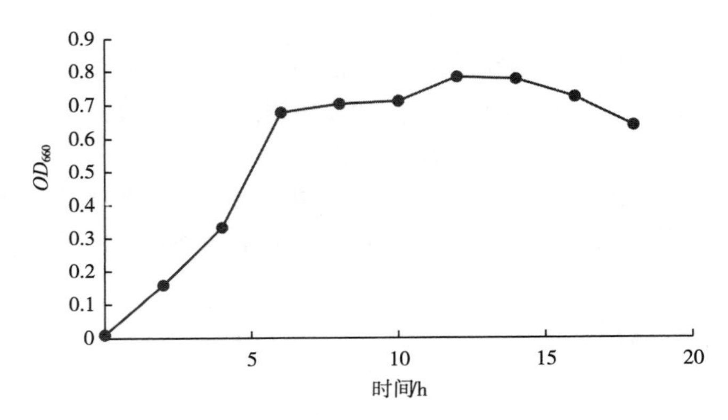

图33-1　大肠杆菌生长曲线图

六、思考题

① 实验结果显示大肠杆菌细胞在培养基中的生长呈现出典型的生长曲线。这种生长曲线的形成是由什么因素引起的？

② 在实验中，为了测定大肠杆菌细胞的生长曲线，我们选择了什么样的培养基和培养条件？这些选择是否对实验结果产生了影响？

③ 在实验过程中，我们通过测量光密度值或细胞数量来确定大肠杆菌细胞的生长情况。这种测量方法可能存在的缺陷是什么？有没有更准确的测量方法可以应用于该实验？

④ 实验中，我们还讨论了大肠杆菌细胞生长的影响因素，如温度、pH和营养成分

等。在未来的研究中，我们可以采取哪些控制变量的方法来深入探究这些影响因素对大肠杆菌细胞生长的具体影响？

⑤ 大肠杆菌细胞生长曲线的测定在哪些领域有广泛的应用？如何利用实验结果来研究和解决实际问题，比如食品安全、环境污染等？

实验 34　环境理化因素对微生物生长的影响

一、实验目的

① 了解温度、紫外线、化学药剂、生物因素对微生物生长的影响与作用机制。

② 学习和掌握最适生长温度的测定方法。

③ 学习检测紫外线对微生物生长影响的方法。

④ 了解某些化学药剂对微生物的抑制作用，学习其实验方法。

二、实验原理

环境因素包括物理因素、化学因素和生物因素，不良的环境因素使微生物的生长受到抑制，甚至导致菌体的死亡。但是某些微生物产生的芽孢，对恶劣的环境因素有较强的抵抗能力。我们可以通过控制环境因素，使有害微生物的生长繁殖受到抑制，甚至被杀死；而对有益微生物，通过调节理化因素，能使其得以良好地生长繁殖或产生有经济价值的代谢产物。

温度是影响微生物生长的重要因素之一。根据微生物生长的最适温度范围，可将微生物分为高温菌、中温菌和低温菌，自然界中绝大部分微生物属于中温菌。微生物的生命活动，必须在一定温度范围内进行，温度过高或过低，均会影响其代谢方式、生长速度，甚至可能造成微生物死亡。根据微生物生长最快时的温度可以测定微生物的最适生长温度。不同微生物最适生长温度不同。

紫外线主要作用于细胞内的 DNA，轻则使微生物发生突变，重则造成微生物死亡。因紫外线照射剂量不同而异，低剂量用于微生物诱变育种，高剂量用于实验室或工作间消毒杀菌。紫外线照射剂量与照射光强、距离以及照射时间相关。

某些化学药剂（消毒剂）抑制或杀灭微生物，其效应强弱与试剂类型、浓度、作用时间以及作用对象有关，有些药剂在浓度极低的情况下仍然有较强的作用。

三、实验材料与器具

1. 菌种

大肠杆菌，枯草芽菌，金黄色葡萄球菌。

2. 培养基

牛肉膏蛋白胨培养基，葡萄糖蛋白胨培养基，麦芽汁葡萄糖培养基，察氏培养基。

3. 器材

培养皿，无菌圆滤纸片，镊子，无菌水，无菌滴管，水浴锅，紫外线灯，黑纸，试管，接种针，温箱，刮铲，吸管，调温摇床，分光光度计。

四、实验方法

(一) 温度对微生物生长的影响

1. 接种

分别将枯草杆菌接种到 4 支牛肉膏蛋白胨培养基斜面上。

2. 培养

已经接种的斜面分别置于 4℃、20℃、30℃、50℃四种温度条件下培养。

待培养 48 h 后观察细菌生长情况并记录。

(二) 紫外线对微生物生长的影响

1. 制备菌悬液

取无菌水（5 mL）一瓶，用接种环取八叠球菌菌种 2 环，混合均匀，制成悬液。

2. 接种

以无菌吸管取菌悬液 2 滴加于牛肉膏蛋白胨培养基平板上，立即用无菌刮铲涂抹均匀，然后用无菌黑纸遮盖部分平板。

3. 紫外线处理

紫外灯先预热 15 min，将已经接种的平板置于紫外灯下（平皿距紫外灯 1 m），打开皿盖，紫外线照射 20 min，取出黑纸，盖上皿盖。

4. 培养

将平板置于 28~30℃，培养 48 h。观察平板上是否有纸形图案的细菌生长图象。

(三) 化学药剂对微生物生长的影响

1. 倒平板

将融化的牛肉膏蛋白胨培养基（50℃）倾注入无菌平皿，冷凝成平板。

2. 制菌悬液

步骤同紫外线实验，制备金黄色葡萄球菌菌悬液。

3. 接种

用无菌吸管吸取少量菌悬液，在牛肉膏蛋白胨培养基平板上接种 1~2 滴，用无菌刮铲将菌液涂布均匀。

4. 加滤纸

取圆滤纸片 3 张，一张沾无菌水，其余两张分别沾一种药剂，风干后在平板上分区放置，并在平皿皿底作标记（药剂名、浓度、组号）。

5. 培养

将平板倒置于 28~30℃培养 2~3 d。观察平板是否有抑菌圈，并通过抑菌圈直径大小推断药剂的抑菌作用的强弱。

(四) 生物因素对微生物生长的影响

1. 倒平板

将培养基倾注入无菌平皿，冷凝成平板。

2. 加滤纸

用镊子将无菌滤纸条浸入青霉素溶液中（取出时沥去多余溶液），取出滤纸贴在平板上。

3. 接种

用接种环从滤纸条边缘垂直向外划直线接种大肠杆菌和枯草杆菌。

4. 培养观察结果

37℃倒置培养 1 d 后，记录细菌生长情况。

五、实验结果处理

1. 温度对微生物生长的影响

记录实验结果并对之分析（表 34-1）。

表 34-1 菌种生长情况

菌种	4℃	20℃	30℃	50℃
枯草杆菌				

注：记录生长情况用符号表示：-为不生长；+为生长差；++为生长一般；+++为生长良好。

2. 紫外线对微生物生长的影响

说明平板上是否有纸形图案的细菌生长图像即可。

3. 化学药剂对微生物生长的影响

记录实验结果并对之分析（表 34-2）。

表 34-2 菌种生长情况

菌种	$HgCl_2$（0.1%）	$CuSO_4$（0.5%）	无菌水
金黄色葡萄球菌			

注：用直尺测量抑菌圈的直径大小记录入表格。

4. 生物因素对微生物生长的影响

绘图表示青霉素对大肠杆菌和枯草杆菌的抑菌作用效能。

六、思考题

① 上述多个试验中，为什么选用大肠杆菌、金黄色葡萄球菌和枯草杆菌作为试验菌？

② 说明青霉素和链霉素的作用原理。

③ 通过实验说明芽孢的存在对消毒灭菌有什么影响？

实验 35　紫外线对枯草杆菌的诱变效应

一、实验目的

① 了解并掌握观察紫外线对枯草杆菌产生蛋白酶的诱变效应。

② 学习和掌握微生物诱变育种的基本操作方法。

二、实验原理

物理诱变往往被分为电离辐射和非电离辐射。非电离辐射最典型的就是紫外线，其电磁波谱位置为 40~390 nm。而由于 DNA 分子的紫外吸收峰位于 260 nm。因而波长在 200~300 nm 的紫外线被用于紫外诱变。紫外诱变时的剂量与所用紫外灯管的功率以及照射距离、照射时间相关，实验中往往采用改变照射时间来改变照射剂量。由于照射致死率在 95%~99%的时候回复突变株出现率最高，因而实践中多用 50%~80%的致死率进行诱变。

紫外线诱变的主要作用是使细菌 DNA 链中相邻两个嘧啶核苷酸形成二聚体，并阻碍双链的解开和复制，从而引起基因突变，最终导致表型的变化。

枯草杆菌的多数都能产生大量的淀粉酶，较易得到分离。实验用紫外线对产淀粉酶的枯草杆菌进行诱变处理。根据枯草杆菌在淀粉培养基上透明圈直径的大小来指示诱变效应。相同条件下，透明圈越大表示淀粉酶活性越强。根据透明圈的直径（H）与菌落直径（C）之比（H/C）可初步鉴定酶活力的高低，即比值越大酶活力越高，进而筛选出优良的生产用菌。

三、实验材料与器具

1. 菌种

枯草杆菌（*Bacillus subtilis*）。

2. 培养基

淀粉培养基。

3. 主要器材

试管，移液管，锥形瓶，量筒，烧杯，紫外灯，离心机，培养皿，牛肉膏，蛋白胨，NaCl，可溶性淀粉，碘液，无菌生理盐水等。

四、实验方法

1. 菌悬液的制备

① 取培养 48 h 的枯草杆菌的斜面 4~5 支，用无菌生理盐水将菌苔洗下，并倒入盛有玻璃珠的小三角烧瓶中，振荡 30 min，以打碎菌块。

② 将上述菌液离心（3000 r/min，离心 15 min），弃去上清液，将菌体用无菌生理盐

水洗涤 2~3 次，最后制成菌悬液。

③ 用显微镜直接计数法计数，调整细胞浓度为 10^8个/mL。

2. 平板制作

将淀粉琼脂培养基融化后，冷至 55℃左右时倒平板，凝固后待用。

3. 紫外线处理

① 将紫外灯开关打开预热约 20 min。

② 取直径 6 cm 无菌平皿 2 套，分别加入上述菌悬液 5 mL，并放入无菌搅拌棒于平皿中。

③ 将盛有菌悬液的 2 平皿置于磁力搅拌器上，在距离为 30 cm，功率为 15 W 的紫外灯下分别搅拌照射 30 s，60 s，90 s，120 s 和 150 s。

4. 稀释

在红灯下，将上述经诱变处理的菌悬液以 10 倍稀释法稀释成 10^{-6}~10^{-1}（具体可按估计的存活率进行稀释）。

5. 涂平板

取 10^{-4}、10^{-5}、10^{-6}三个稀释度涂平板，每个稀释度涂 3 只平板，每只平板加稀释菌液 0.1 mL，用无菌玻璃刮棒涂匀。以同样操作，取未经紫外线处理的菌稀释液涂平板作对照。

6. 培养

将上述涂匀的平板，用黑布（或黑纸）包好，置 37℃培养 48 h。注意每个平皿背面要标明处理时间和稀释度。

7. 计数

将培养 48 h 后的平板取出进行细菌计数，根据对照平板上菌落数，计算出每毫升菌液中的活菌数。同样计算出紫外线处理 30 s，60 s，90 s，120 s 和 150 s 后的存活细胞数及其致死率。

$$\text{致死率}=\frac{\text{对照菌落数}-\text{处理后菌落数}}{\text{对照菌落数}}\times 100\%$$

8. 观察诱变效应

将细胞计数后的平板，分别向菌落数在 5~6 个的平板内加碘液数滴，在菌落周围将出现透明圈。分别测量透明圈直径与菌落直径并计算其比值（H/C）。与对照平板进行比较，根据结果，说明诱变效应。并选取 H/C 比值大的菌落转接到试管斜面上培养。

$$H/C=\frac{\text{菌落透明圈直径}}{\text{菌落直径}}$$

$$\text{正突变率}=\frac{\text{正突变菌落数}}{\text{突变菌落数}}\times 100\%$$

注意事项：

① 一般用 15 W 的紫外灯，距离固定在 30 cm 左右，选用致死率达 90%~99.9%所需的辐射时间进行诱变处理。

② 辐射不宜在肉汤等成分复杂的液体中进行，以免化学反应的干扰；同时要有电磁

搅拌设备，以求照射均匀，尤其在菌液浓度较大或菌体、孢子等较大而重时很容易在处理期间发生沉降，此时电磁搅拌更显重要。

③ 照射前紫外灯宜先开灯预热 20~30 min，使光波稳定。

五、实验结果处理

将培养 48 h 后的平板取出进行细胞计数。根据平板上菌落数，计算出致死率，记录到表 35-1 中。

表 35-1　照射时间与致死率对比结果

照射时间/s	正突变率	致死率	*H/C*
0			
30			
60			
90			
120			

六、思考题

① 紫外线诱变育种的原理是什么？

② 影响诱变效果的因素有哪些？

实验36　抗生素抗菌谱的测定

一、实验目的

① 掌握抗生素抗菌谱的测定的原理和方法。

② 了解常见抗生素的抗菌谱。

二、实验原理

抗生素是由微生物或高等动植物在生活过程中所产生的具有抗病原体或其他活性的一类次级代谢产物，能干扰其他生活细胞发育功能的化学物质。测定抗菌药物在体外对病原微生物是否具有杀菌或抑菌作用的方法称为抗菌药物敏感性试验（antimicrobial susceptibility test，AST），简称药敏试验，主要有扩散法和稀释法两种。抗生素的敏感性模式称为抗菌谱，泛指一种或一类抗生素（或抗菌药物）所能抑制（或杀灭）微生物的类、属、种范围。

纸片扩散法（K–B法）是将含有定量抗菌药物的纸片贴在已接种测试菌的琼脂平板上，纸片中所含的药物吸收琼脂中水分水解后不断向纸片周围扩散形成递减的梯度浓度，在纸片周围抑菌浓度范围内测试菌的生长被抑制，从而形成无菌生长的透明圈，即为抑菌圈。抑菌圈的大小反映测试菌对测定抗菌药物的敏感程度，并与该药对测试菌的最小抑菌浓度（MIC）呈负相关关系。该法可用于测试绝大多数的细菌，方法操作简便，成本低廉，但实验结果容易受到诸多因素，如接种量、接种物的分布、培养时间、琼脂平板厚度、抗生素扩散速率，抗生素在纸片上的浓度、pH以及细菌的生长速率等的影响。

三、实验材料与器具

1. 菌种

大肠杆菌，产气肠杆菌等。

2. 培养基

牛肉膏蛋白胨培养基。

3. 实验试剂

青霉素，氯霉素，卡那霉素，四环素，链霉素等。

4. 实验器具

高压灭菌锅，超净工作台（或生物安全柜），恒温培养箱，抗菌药敏纸片，培养皿，镊子，记号笔等。

四、实验方法

（一）菌悬液的制备

将金黄色葡萄球菌和大肠杆菌接种在牛肉膏蛋白胨培养基琼脂斜面，37℃下培养18~24 h后待用。取5 mL无菌水加入已长菌的试管斜面，用接种环将菌苔刮下，混匀，配制成菌悬液备用。

（二）抗菌药敏纸片的制备

用无菌水分别配制100 μg/mL青霉素溶液、100 μg/mL卡那霉素溶液、100 μg/mL链霉素溶液。用无水乙醇配制200 μg/mL氯霉素溶液，100 μg/mL四环素溶液。配制好的溶液经0.22 μm的无菌滤膜过滤、标记，用无菌镊子将滤纸片浸入上述抗生素溶液中，备用。

（三）抗生素抗菌谱的测定

用油性笔在平皿底部划分出大小相同的六个区域，分别标记空白对照（无菌水）、青霉素、卡那霉素、链霉素、氯霉素和四环素。将融化的牛肉膏蛋白胨琼脂倾倒入已做标记的平皿中。

取供试金黄色葡萄球菌和大肠杆菌的菌悬液0.5 mL，涂布于已凝固的牛肉膏蛋白胨琼脂平板上。用无菌镊子将浸泡着抗生素和无菌水中的滤纸片取出，在瓶内壁除去多余的药液，并置于平板对应位置，37℃培养18~24 h，测定抑菌圈的直径，用抑菌圈的大小来表示抗生素的抗菌谱。

注意事项：

① 制备好的牛肉膏蛋白胨琼脂平板凝固后，在使用前可放在37℃培养箱倒置30 min，使表面干燥。

② 用无菌镊子取药物纸片平贴于琼脂表面时，纸片放置要均匀，各纸片中心距离不小于24 mm，纸片距平板边缘的距离应不小于15 mm。纸片一旦接触琼脂表面，就不能再移动。

③ 药敏纸片应始终保存在封闭、冷冻、干燥的环境，否则会影响其活性。长期储存须置于-20℃的冰箱，日常使用或没用完的纸片应及时放4℃保存，用时须提前1~2 h取出放室温平衡。

④ 菌液浓度也可影响试验的结果。菌体活力强、数量多时抑菌环减小；菌量少或活力不够时，抑菌环则偏大。此外，菌液配好后应在15 min内用完。

五、实验结果分析

将平板置于黑背景的明亮处，用卡尺从平板背面精确测量包括纸片直径在内的抑菌环直径，测得结果以毫米（mm）为单位进行记录，判断其敏感度。

由于抗生素对不同微生物的抑制作用强弱不同，相同浓度的某种抗生素对不同微生物形成的抑制圈直径也不同。不同抗生素对同种微生物抑菌圈大小的差异却没有直接的可比性。

六、实验报告

① 将抗生素的抗菌实验结果填入表 36-1 中。

表 36-1　抗菌实验结果

抗生素	抑菌圈/mm		抑菌机制
	金黄色葡萄球菌	大肠杆菌	
空白对照（无菌水）			
青霉素			
卡那霉素			
链霉素			
氯霉素			
四环素			

② 根据表 36-1，分析供试抗生素的抗菌谱。

七、思考题

① 在 K-B 方法中，有哪些因素需要小心控制?

② 细菌在生长的哪个时期对抗生素最敏感?

实验 37　酵母细胞的固定化与酒精发酵

一、实验目的

① 了解固定化技术的原理及应用，了解固定化细胞常用的材料与方法。

② 熟悉用固定化酵母进行酒精发酵的过程。

③ 掌握细胞固定化的技术。

二、实验原理

固定化细胞技术是指通过物理或化学手段，将游离细胞限制在一定的空间区域，使之成为束缚状态，但细胞仍保持催化活性并能反复利用的方法。与游离态微生物相比，固定化微生物性能好、稳定、降解有机物性能力强、耐毒、抗杂菌、耐冲击负荷。常用的固定化方法有载体结合法、交联法、包埋法、逆胶束酶反应系统和孔网状载体截陷固定技术等。常用的包埋载体有明胶、琼脂糖、海藻酸钠、醋酸纤维和聚丙烯酰胺等。本实验选用海藻酸钠作为载体包埋酵母菌细胞。固定化技术已在食品、化学、医药、化学分析、环境保护、能源开发等领域用于生产各种胞外产物，如酒精酒类、氨基酸、有机酸、酶、辅酶、抗生素等，也可用于甾体转化、废水处理、制造微生物传感器等。

在无氧条件下，酵母菌利用葡萄糖或淀粉水解糖发酵产生乙醇和 CO_2 的作用，称为酒精发酵，总反应式为：$C_6H_{12}O_6 \rightarrow 2C_2H_5OH+2CO_2$。

三、实验材料与器具

干酵母，烧杯，玻璃棒，分析天平，$CaCl_2$，海藻酸钠，酒精灯，注射器，葡萄糖，硼酸，磁力搅拌器，记号笔等。

四、实验方法

（一）制备固定化酵母细胞

① 酵母细胞的活化：称取 1g 干酵母，放入 50 mL 的小烧杯中，加入蒸馏水 10 mL，用玻璃棒搅拌，使酵母细胞混合均匀，成糊状，放置 1 h，使其活化。

② 配制 1.5%~2.0% $CaCl_2$ 的饱和硼酸溶液（用 Na_2CO_3 调 pH 至 6.7）。

③ 配制海藻酸钠溶液：称取 0.7 g 海藻酸钠，放入 50 mL 的小烧杯中，加入蒸馏水 10 mL，用酒精灯加热，边加热边搅拌，将海藻酸钠调成糊状，直至完全溶化，用蒸馏水定容到 10 mL。

④ 海藻酸钠溶液与酵母细胞混合：将熔化的海藻酸钠溶液冷却至室温，加入活化的酵母细胞，进行充分搅拌混匀，转入注射器中。

⑤ 固定化酵母细胞：以恒定的速度缓慢地将注射器中的溶液滴加到 Na_2CO_3 调 pH 至

6.7 的含 1.5%~2.0% $CaCl_2$的饱和硼酸溶液中，磁力搅拌 24 h，形成固定化小球。

（二）固定化酵母酒精发酵

① 将固定好的酵母细胞用无菌水冲洗 2~3 次。

② 将固定化细胞接种到灭菌后装液量为 150 mL/250 mL，质量分数为 10%的葡萄糖溶液中，置于 25℃下培养 24 h。

③ 打开发酵瓶塞子，嗅闻有无酒精味。取发酵液 5 mL 加入试管，加 10% H_2SO_4溶液 2 mL 后，滴入 1% $K_2Cr_2O_7$溶液 10~20 滴，如管内由橙黄色变为黄绿色，证明有乙醇生成。

注意事项：

① 配制海藻酸钠溶液时，注意加热要用小火或间接加热。

② 将酵母菌菌体和海藻酸钠混合液滴入 $CaCl_2$溶液中时，要控制速度，不能连成线状，要逐滴进行，但速度不能过慢。$CaCl_2$溶液要用磁力搅拌器低速搅拌，以形成均匀的胶珠小球。

五、实验结果分析

酒精发酵实验开始时，凝胶球是沉在烧杯底部。发酵 24 h 后，凝胶球浮在溶液悬浮在上层，并可观察到凝胶球不断产生气泡，说明固定化的酵母细胞正在利用溶液中的葡萄糖产生乙醇和二氧化碳，而凝胶球内包含的二氧化碳气泡使凝胶小球悬浮于培养液上层。

六、实验报告

① 观察并描述形成固定化细胞的颜色和形状。

② 观察利用固定化酵母发酵的葡萄糖溶液，是否有气泡生产，是否有酒味？

③ 无菌操作条件下取出经过钙化的凝胶珠 5~10 粒，测定其直径并计算平均值。

七、思考题

① 酵母细胞活化的目的是什么？

② 制备固定化细胞的操作中，重点是哪几个技术环节？

③ 分析可能导致酵母细胞包埋效果不理想的原因是什么。

实验 38　黄曲霉毒素的 ELISA 检测

一、实验目的

① 了解食品中黄曲霉素的危害及检测方法。

② 了解 ELISA 的基本原理及优缺点，掌握间接 ELISA 法的试验操作过程。

③ 熟练使用酶标仪。

二、实验原理

酶联免疫吸附实验（ELISA）是一种定性或定量检测，使用抗体来结合并测定目的分子的免疫检测方法，通常用于测量生物样品中的抗体或抗原，包括蛋白质或糖蛋白。现有直接法、间接法、夹心法和竞争法四种方法。

试样中的黄曲霉毒素 B 用甲醇水溶液提取，经均质、涡旋、离心（过滤）等处理获取上清液。被辣根过氧化物酶标记或固定在反应孔中的黄曲霉毒素 B_1，与试样上清液或标准品中的黄曲霉毒素 B_1 竞争性结合特异性抗体。在洗涤后加入相应显色剂显色，经无机酸终止反应，于 450 nm 或 630 nm 波长下检测。样品中的黄曲霉毒素 B_1 与吸光度在一定浓度范围内呈反比。

三、实验材料与器具

黄曲霉毒素 ELISA 检测试剂盒，甲醇，去离子水（或蒸馏水），微孔板酶标仪，研磨机，振荡器，电子天平，微量移液器，量筒，离心机，定性滤纸等。

四、实验方法

（一）样品前处理

1. 液体样品（油脂和调味品）

取 100 g 待测样品摇匀，称取 5.0 g 样品于 50 mL 离心管中，加入试剂盒所要求提取液，按照试纸盒说明书所述方法进行检测。

2. 固体样品（谷物、坚果和特殊膳食用食品）

称取至少 100 g 样品，用研磨机进行粉碎，粉碎后的样品过 1~2 mm 孔径试验筛。取 5.0 g 样品于 50 mL 离心管中，加入试剂盒所要求提取液，按照试纸盒说明书所述方法进行检测。

（二）样品检测

① 将所需试剂从冷藏环境中取出，置于室温（20~25℃）平衡 30 min 以上，注意每种液体试剂使用前均须摇匀。

② 取出需要数量的微孔板，将不用的微孔板放进原锡箔袋中并且与提供的干燥剂一

起重新密封，保存于2～8℃，切勿冷冻。

③ 取出洗涤工作液，在使用前置于实验台回温。

④ 编号：将样本和标准品对应微孔按序编号，每个样本和标准品做两平行，并记录标准孔和样本孔所在的位置。

⑤ 加标准品/样本：加标准品/样本 50 μL 到对应的微孔中，加入黄曲霉毒素 B_1 酶标物 50 μL/孔，再加入黄曲霉毒素 B_1 抗试剂 50 μL/孔，轻轻振荡混匀，用盖板膜盖板后置室温避光环境中反应 30 min。

⑥ 洗板：小心揭开盖板膜，将孔内液体甩干，用洗涤工作液 300 μL/孔，充分洗涤 5 次，每次间隔 30 s，用吸水纸拍干（拍干后未被清除的气泡可用未使用过的枪头戳破）。

⑦ 显色：加入底物液 A 液 50 μL/孔，再加底物液 B 液 50 μL/孔，轻轻振荡混匀，用盖板膜盖板后置室温避光环境反应 15～20 min。

⑧ 测定：加入终止液 50 μL/孔，轻轻振荡混匀，设定酶标仪于 450 nm 处（建议用双波长 450/630 nm 检测，请在 5 min 内读完数据），测定每孔 *OD* 值（若无酶标仪，则不加终止液用目测法可进行判定）。

注意事项：

① 使用之前将所有试剂和需用板条都需要回升至室温（20～25℃）。室温低于 20℃或试剂及样本没有回到室温，会导致所有标准的 *OD* 值偏低。

② 每加一种试剂前需将其摇匀。为避免交叉污染，每个标准品和样品均应使用不同的吸头加样，且禁止吸头接触微孔中的溶液或内表面。

③ 在加入底物液 A 液和底物液 B 液后，一般显色时间为 15～20 min 即可。若颜色较浅，可延长反应时间到 30 min（或更长）。反之，则减短反应时间。

④ 在所有恒温孵育过程中，避免光线照射，用盖板膜封住微孔板。

⑤ 在 ELISA 分析中的再现性，很大程度上取决于洗板的一致性，正确的洗板操作是 ELISA 测定程序中的要点。在洗板过程中，如出现板孔干燥的情况，则会出现标准曲线不成线性，重复性不好的现象。所以洗板拍干后应立即进行下一步操作。

⑥ 标准物质和无色的发色剂对光敏感，因此要避免直接暴露在光线下。浓缩洗涤液如有结晶属正常现象，请加热溶解后使用。发色试剂有任何颜色表明发色剂变质，应弃之。0 标准的吸光度（450/630 nm）小于 0.5（$A_{450}<0.5$）时，表示试剂可能变质，应弃之。

⑦ 使用后应立即将所有试剂放回 2～8℃冰箱保存，不要冷冻，将不用的酶标板微孔板放进自封袋重新密封。不要使用过期试剂盒。不要交换使用不同批号试剂盒中的试剂。

⑧ 黄曲霉毒素 B_1 可致癌，应戴手套操作。反应终止液为 2 mol/L 硫酸，避免接触皮肤。

五、实验结果分析

若样本中目标检测物浓度高于试剂盒的检测上限，应将上清液或滤液先用 70%甲醇适当稀释后，再按照上清液/滤液∶水=1∶4 的比例稀释后进行检测，计算结果时应考虑额外的稀释倍数。

1. 酶联免疫试剂盒定量检测的标准工作曲线绘制

按照试剂盒说明书提供的计算方法，以黄曲霉毒素 B_1 浓度的对数值为 X 轴，百分吸光度值为 Y 轴，绘制标准工作曲线，绘制标准曲线图。

2. 待测样本浓度计算

按照试剂盒说明书提供的计算方法，将待测液吸光度代入下列公式，计算得待测液浓度（ρ），计算结果保留小数点后两位。食品中黄曲霉毒素 B_1 的含量计算公式：

$$X = \frac{\rho \times V \times f}{m}$$

式中：X——试样中黄曲霉毒素 B_1 的含量，μg/kg；

ρ——待测液中黄曲霉毒素 B_1 的浓度，μg/L；

V——提取液体积（固态样品为加入提取液体积，液态样品为样品和提取液总体积），L；

f——在前处理过程中的稀释倍数；

m——试样的称样量，kg。

六、实验报告

① 绘制黄曲霉毒素 B_1 的标准曲线。

② 计算样本中黄曲霉毒素的含量。

七、思考题

① 对样品进行前处理的作用是什么？

② ELISA 实验过程中，洗板的目的是什么？

③ 如出现标准品无颜色变化或者无序混乱，试分析其可能的原因。

实验 39　小型机械搅拌通气发酵罐的结构和基本操作技术

一、实验目的

① 了解发酵罐（搅拌式）的系统组成，即发酵罐、空气处理系统、蒸汽净化系统、在线控制系统、恒温系统及管道、阀门等；

② 掌握发酵罐空消的具体方法及步骤；

③ 掌握发酵罐进料及实消的具体方法及步骤；

④ 掌握发酵罐各系统的控制操作方法。

二、实验原理

1. 蒸汽系统

三路进汽：空气管路，补料管路，罐体。

2. 温度系统

① 夹套升温：蒸汽通入夹套。

② 夹套降温：冷水通入夹套，下进水，上出水。

③ 发酵过程自动控温系统：热电偶控温，马达循环，只能加热，发酵设定温度低于室温时，由夹套进冷水降温。

3. 空气系统

① 空压机：往复式油泵获得高脉冲的压缩空气。

② 贮气罐：空压机压缩使气体温度升高，经贮气使气体保温杀菌；压缩空气中有油污、水滴，且压力不稳，有一定的脉冲作用，会冲翻后面的过滤介质，贮气后可使油滴重力沉降，减小脉冲。

③ 空气流量计。

④ 空气过滤器：平板式纤维，中间为玻璃纤维或丝棉，下面放水阀应适时打开放出油、水，再用压缩空气控干。

4. 补料系统

补培养基，消泡剂，酸碱等。

5. 在线控制系统

热电偶（温度探关），溶解氧探头，pH 探头（后二者实消时才安装，为不可再生探头，有限定使用次数，pH 探头使用前要先校准），控制柜，数据采集系统。

① 进出料系统：进料口（接种口），出料口（取样口）。

② 蒸汽过滤器：在蒸汽进入空气系统时应用，以免蒸汽中携带的杂质颗粒堵塞过滤器微孔。

③ 小型搅拌通气发酵罐示意图如图 39-1 所示。

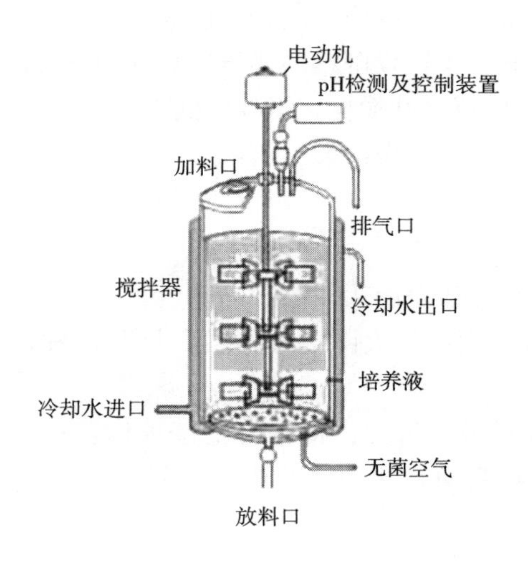

图 39-1　发酵罐的结构示意图

三、实验方法

（一）灭菌操作

“空消”是指空罐灭菌，清除空间内的细菌或杂质，使之达到无害化的洁净程度。发酵罐“空消”一般采用蒸汽灭菌法，具体操作过程如下：

① 缓慢往发酵罐内通入蒸汽，同时控制发酵罐的排气阀门，保持罐压在 0.11 MPa 左右，升温至 121℃，恒温 1 h。

② 保温完毕后，关闭蒸汽阀门，打开尾气装置，从排气口泄罐压，卸压完毕后，保持排气阀门开启。

③ 利用夹套冷水，冷却发酵罐，拆掉尾气装置，从出料阀口，缓慢放出罐体内干净的冷凝水，此时可以进行下一步的发酵操作。

“实消”指实罐灭菌，一般罐内有培养基、水等。

① 关闭所有供水管路及空气管路。开启蒸汽管路阀门。同时稍开启发酵罐夹套的排气阀门，排放夹套剩水。

② 开启发酵罐搅拌电机，转速至 200 r/min，使发酵液受热均匀。当温度升到 95℃以上时，即可停止搅拌。然后待温度升至 121℃（罐压在 0.1～0.12 MPa）时即可计时开始。

③ 当计时开始后，发酵时间一般为 20～30 min。在此时间内应保证温度不低于121℃，同时可进行空气过滤器及空气管道的灭菌。

④ 空气过滤器及空气管道的灭菌：稍开过滤器的排水阀门，以及空气管道的隔膜阀，保证空气管道的蒸汽灭菌。但不能开得太大，以免蒸汽大量进入罐内，而稀释培养基。

⑤ 出料、采样阀的蒸汽阀门及出口阀稍开，保证该管路灭菌。在发酵罐盖上的接种口，同样需要放气，使其达到灭菌要求。

⑥ 当保温结束时，应先把空气管路中的隔膜阀关闭。把空气过滤器排水阀关闭，以及关闭取样阀出口阀门和接种口螺帽。然后关闭各路蒸汽阀门。

⑦ 打开冷却水阀门及排水阀门，同时打开空气流量计和空气放空阀门，把空气过滤

器吹干。此时必须注意罐压的变化。绝对不能让罐压低于 0.02 MPa。当罐压达到 0.05 MPa 时，立即将空气管路打开，保证发酵罐的罐压在 0.05 MPa 左右。

⑧ 当温度降到 95℃时，即可打开搅拌。当温度低于 50℃后，即可切入自动控温状态，使培养基达到接种温度，灭菌过程即告结束。

（二）发酵过程的操作

1. 接种

接种方法可采用火焰接种法或差压接种法。

① 火焰接种法：在接种口用乙醇火圈消毒，然后打开接种口盖，迅速将接种液倒入罐内，在把盖拧紧。

② 差压接种法：在灭菌前放入垫片，接种时把接种口盖打开，先倒入一定量的乙醇消毒。待片刻后把种液瓶的针头插入接种口的垫片。利用罐内压力和种液瓶内的压力差，将种液引入罐内，拧紧盖子。

2. 罐压

发酵过程中须手动控制罐压，即用出口阀控制罐内压力。调节空气流量的，须同时调节出口阀，应保持罐内压力恒定大于 0.03 MPa。

3. 溶解氧（DO）的测量和控制

① 溶解氧的标定：在接种前，在恒定的发酵温度下，将转速及空气量开到最大值时的溶解氧值作为 100%。

② 发酵过程的溶解氧测量和控制：DO 的控制可采用调节空气流量和调节转速来达到。最简单的是转速和溶氧的关联控制。其次则必须同时调节进气量（手动）控制。有时需要通入纯氧（如在某些基因工程菌的高密度培养中）才能达到要求的溶解氧值。

4. pH 的测量与控制

① pH 的校正：在灭菌前应对 pH 电极进行 pH 的校正。

② 在发酵过程中 pH 的控制使用蠕动泵的加酸加碱来达到的，酸瓶或碱瓶须先在灭菌锅中灭菌。

（三）控制器的操作

1. 控制器的启动

打开电源，先按一下薄膜键盘上的“S/E”键，再按一下“确认”键，发酵控制程序启动；这时，如果加热器中水没有加满，程序会自动进行进水操作；待水加满后，用户可以按照上述的下位机控制器的操作方法对各个执行机构进行控制。

2. 控制器的操作

使用 F1～F6 按键将液晶屏中的界面切换到用户需要控制的界面中，使用方向键将界面中的光标移动到需要控制的变量上，如果是改变运行模式，直接按确认键即可，如果需要键盘输入数字，在输入数字后按确认键即可，如：

① 温度控制。在手动方式中，对温度进行手动操作比较简单，只需要改变手动状态的控制量即可。通过选择快捷键（F1～F5）进入温度控制界面，然后移动光标使它指向“手动方式”，按下“确认”键，即进入温度控制的手动方式中。此时，“手动方式”后面会出现一个小手来指示当前的选择是手动方式。将光标移动到手动设置区域，通过上下移

动光标选择到“控制量”。通过按数字键输入所需要设定的控制量输出值，如80，并按“确认”键确认（控制量范围为0~100，当输入控制量大于50时为加热状态，反之为冷却状态）。

② 转速的控制。使用光标移动键，移动光标到“设定值”处。在数字键盘上输入300，此时的“设定值”后应该出现“300”的数值；然后按下“确认”键确定输入。若输入有错误，可以按“清除”键清除数据。

（四）蒸汽发生器的操作

① 打开进水管开关，使蓄水箱水位至最高，保持进水状态。

② 连接发生器电源，向锅内供水至正常水位（液位管的50%~80%），不得超过最高水位，且不得低于最低水位，关闭蒸汽出汽阀门。

③ 插上电源，打开电源开关工作指示灯亮，开始加热锅水。

④ 将蒸汽管连接至发酵罐体夹层管路系统，打开相关阀门，保持管路通畅，同时关闭发酵罐体出气阀。当压力升至工作压力后（2 kg/cm^2）打开蒸汽出汽阀，即可供汽。

⑤ 使用完毕，先关闭电源，后关闭进水管，待发生器适当降温后，排掉锅体中污水。

（五）空气压缩机的操作

① 插上空压机电源，开启空压机，使机器在无负荷状态下启动运转15 min。

② 启动后若无异音，关闭空气出口，并将空压机出气管与空气净化器相连，一并连至发酵罐空气进气管路。

③ 当气压升至2 kg/cm^2打开供气阀，开启空气开关，向已灭菌的发酵罐提供无菌空气。空气压力达到设定压力之后，压力开关自动切断电源，电机停止运转。

④ 空气压缩机的使用压力不得高于额定工作压力，若需调整，必须由专门业务员进行，不得自行调整。

注意事项：

① 必须确保所有单件设备能正常运行时使用本系统。

② 在消毒过滤器时，流经空气过滤器的蒸汽压力不得超过0.17 MPa，否则过滤器滤芯会被损坏，失去过滤能力。

③ 在发酵过程中，应确保罐压不超过0.17 MPa。

④ 在实消过程中，夹套通蒸汽预热时，必须控制进汽压力在设备的工作压力范围内（不应超过0.2 MPa），否则会引起发酵罐的损坏。

⑤ 在空消及实消时，一定要排尽发酵罐夹套内的余水。否则可能会导致发酵罐内筒体压扁，造成设备损坏；在实消时，还会造成冷凝水过多导致培养液被稀释，从而无法达到工艺要求。

⑥ 在空消、实消结束后冷却过程中，严禁发酵罐内产生负压，以免造成污染，甚至损坏设备。

⑦ 在发酵过程中，罐压应维持在0.03~0.05 MPa，以免引起污染。

⑧ 在各操作过程中，必须保持空气管道中的压力大于发酵罐的罐压，否则会引起发酵罐中的液体倒流进入过滤器中，堵塞过滤器滤芯或使过滤器失效。

四、实验结果处理

绘制发酵罐结构简图，标注发酵罐各个系统组成；记录发酵罐实操方法。

五、思考题

空消的概念和作用是什么？

专题五　分子微生物

实验 40　细菌总 DNA 的提取

一、实验目的

① 学习细菌总 DNA 提取的原理和方法。

② 学习琼脂糖凝胶电泳方法。

二、实验原理

细菌总 DNA 的提取主要分为裂解和纯化两个部分，裂解是破坏样品细胞结构，从而使样品中的 DNA 游离在裂解体系中的过程，纯化则是使 DNA 与裂解体系中的其他成分，如蛋白质、盐及其他杂质彻底分离的过程。

为了释放细菌细胞内的 DNA，需要将细胞壁裂解。常用的方法有机械裂解法和化学裂解法。机械裂解法包括研磨、超声波处理等，可以破坏细胞壁，但不会对 DNA 造成太大的损伤。化学裂解法使用溶菌酶、EDTA、SDS 等化学物质，破坏细胞壁和细胞膜，释放出 DNA。

常规的裂解液都含有去污剂（如 SDS、Triton X-100、NP-40、吐温 20 等）和盐（如 Tris、EDTA、NaCl 等）。去污剂的作用包括使蛋白质变性，破坏膜结构，去除与核酸相互作用的蛋白质。盐的作用包括提供合适的裂解环境（如 Tris），抑制核酸酶对核酸的降解（如 EDTA），维持核酸结构稳定（如 NaCl）。

在生物体内 DNA 以与蛋白质形成复合物的形式存在，细菌细胞中的蛋白质会干扰 DNA 的提取和后续实验，因此提取出脱氧核糖核蛋白复合物后，必须将其中蛋白质去除。常用的方法有酚/氯仿抽提法、蛋白酶消化法等。酚/氯仿抽提法是一种常用的可以去除大部分蛋白质和脂类物质的方法。蛋白酶消化法可以特异性地水解蛋白质，但需要谨慎控制酶的量和作用时间，以避免 DNA 降解。

SDS（十二烷基硫酸钠）是一种阴离子去垢剂，在高温（55～65℃）条件下能裂解细胞，使染色体离析、蛋白质变性，同时 SDS 与蛋白质和多糖结合成复合物，释放出核酸。提高盐浓度并降低温度（冰浴），使蛋白质及多糖杂质沉淀更加完全，离心后去除沉淀，上清液中的 DNA 用异戊醇/氯仿抽提，反复抽提后用乙醇沉淀水相中的 DNA。该方法操作简单、温和，也可提取到高分子质量的 DNA，但得到的产物含糖类杂质较多。主要应用于动物组织、血液细胞、细菌和酵母菌等基因组 DNA 的提取。

DNA 的电泳原理与蛋白质的电泳原理基本相同。DNA 分子在高于其等电点的 pH 溶液中带负电荷，在电场中向正极移动。由于 DNA 分子或 DNA 片段的分子质量差别，电泳后呈现迁移位置的差异。

三、实验材料与器具

1. 实验材料

蛋白酶 K（20 mg/mL），琼脂糖，异丙醇，70%乙醇。

10% SDS（十二烷基硫酸钠）：称量 10 g 高纯度的 SDS 置于 100～200 mL 烧杯中，加入约 80 mL 的去离子水，68℃加热溶解。滴加浓盐酸调节 pH 至 7.2，将溶液定容至 100 mL 后，室温保存。

0.5 mol/L EDTA（pH 8.0）：称取 186.1 g $Na_2EDTA \cdot 2H_2O$，置于 1 L 烧杯中。加入约 800 mL 的去离子水，充分搅拌。用 NaOH 调节 pH 至 8.0（约 20 g NaOH）（注意：pH 至 8.0 时，EDTA 才能完全溶解），加去离子水将溶液定容至 1 L。适量分成小份后，高温高压灭菌。室温保存。

10×TE 缓冲液：量取 1 mol/L Tris-HCl Buffer（pH 8.0）100 mL，500 mmol/L EDTA（pH 8.0）20 mL，置于 1 L 烧杯中，向烧杯中加入约 800 mL 的去离子水，均匀混合。将溶液定容至 1 L 后，高温高压灭菌。室温保存。稀释 10 倍获得 1×TE 缓冲液。

1 mol/L Tris-HCl（pH 8.0）：称量 121.1 g Tris 置于 1 L 烧杯中，加入约 800 mL 的去离子水，充分搅拌溶解，加入约 42 mL 浓盐酸调节所需要的 pH，将液定容至 1 L。高温高压灭菌后，室温保存（注意：应使溶液冷却至室温后再调定 pH，因为 Tris 溶液的 pH 随温度的变化差异很大，温度每升高 1℃，溶液的 pH 大约降低 0.03 个单位）。

酚/氯仿/异戊醇（25∶24∶1）：将 Tris-HCl 平衡苯酚与等体积的氯仿/异戊醇（24∶1）混合均匀后，移入棕色玻璃瓶中 4℃保存。从核酸样品中除去蛋白质时常常使用酚/氯仿/异戊醇（25∶24∶1），氯仿可使蛋白质变性并有助于液相与有机相的分离，而异戊醇则有助于消除抽提过程中出现的气泡。

TAE 缓冲液（50×）（pH 8.0）：每升溶液中含有 242 g Tris，57.1 mL 冰乙酸，100 mL 0.5 mol/L EDTA。电泳时稀释成 1×浓度使用。

溴酚蓝-甘油指示剂：先配制 0.1%溴酚蓝水溶液，然后取 1 份 0.1%溴酚蓝溶液与等体积的甘油混合即成。

0.5 μg/mL 溴化乙锭染液：称取 5 mg 溴化乙锭，用重蒸水溶解定容到 10 mL，取 1 mL 此溶液用 1×TAE 缓冲液稀释到 1 L，最终浓度为 0.5 μg/mL。

2. 实验器具

试管，锥形瓶（250 mL），1.5 mL 离心管，水浴锅，离心机，电泳槽，电泳仪，摇床，移液枪，洁净工作台，电磁炉，紫外成像仪。

四、实验方法

（一）蛋白酶 K/SDS 法制备

1. 细菌收集

5 mL 细菌过夜培养液，5000 r/min 离心 10 min，去上清液。沉淀重新悬浮于 1 mL TE

(pH 8.0) 中 (用 ddH_2O 也可以)。

2. 菌体裂解

如果是 G^+，加入 6 μL 50 mg/mL 的溶菌酶，37℃作用 2 h。再加 2 mol/L NaCl 50 μL，10% SDS 110 μL，20 mg/mL 的蛋白酶 K 3 μL，50℃作用 3 h 或 37℃过夜 (此时菌液应为透明黏稠液体)。

3. 抽提

菌液均分到两个 1.5 mL EP 管，加等体积的酚/氯仿/异戊醇 (25∶24∶1)，混匀，室温放置 5~10 min，5000 r/min 离心 10 min，取上清液移至干净离心管。重复该抽提步骤两次 (上清液很黏稠，吸取时应小心)。

4. 沉淀

加 0.6 倍体积的异丙醇，颠倒混合，室温下静止 10 min，沉淀 DNA。10000 r/min 离心 5 min，收集 DNA 沉淀。

5. 洗涤

70% 乙醇漂洗后，5000 r/min 离心 10 min，使 DNA 沉淀，抽 (晾) 干乙醇后，溶解于 50 μL ddH_2O 或 TE，-20℃保存。

(二) 琼脂糖凝胶电泳

基因组 DNA 产率、纯度及完整性检测：将提取所得样液 DNA 按一定倍数稀释后，用紫外分光光度计或 Nanodrop 微量紫外分光光度计测定 OD_{260}/OD_{280} 和 OD_{260}/OD_{230}，按照 1 个 OD_{260} 相当于 50 mg/L 和稀释倍数来换算 DNA 的浓度，并计算 DNA 的产率，用 OD_{260}/OD_{280} 的比值表示 DNA 样品的纯度。

取 10 μL 基因组 DNA 提取原液，用 0.8% 琼脂糖凝胶，电泳 (1×TAE，5 V/cm) 40 min，再用核酸染料染色，紫外透射仪观察和拍照，检测 DNA 条带的亮度及基因组 DNA 完整性。

1. 制胶

称取琼脂糖粉末，置于三角瓶中，加入 TAE 缓冲液配成 0.8% 的浓度，加热使琼脂糖全部溶化于缓冲液中，待溶液温度降至 65℃时，立即倒入制胶槽中，插入样品梳。室温放置 0.5~1 h，待凝胶全部凝结后，轻轻拔出样品梳。然后在电泳槽中加入电泳缓冲液直到没过凝胶为止。

2. 加样

取 0.5~1 μg 的样品，体积为 10~20 μL，加入 1/4 体积的溴酚蓝-甘油指示剂，混匀后小心地加到样品槽中。同时另取一个已知分子质量的标准 DNA 水解液，在同一凝胶板上进行电泳。

3. 电泳

维持恒压 100 V，电泳 0.5~1 h，直到溴酚蓝指示剂移动到凝胶底部，停止电泳。

4. 染色

将凝胶取出后浸入 0.5 mg/mL 溴化乙锭溶液中，染色 0.5~1 h。染液可反复多次使用。

5. 观察

将凝胶板置于 254 nm 波长紫外灯下进行观察，DNA 存在的位置呈现荧光。

注意事项：

① 裂解液、洗涤液含有刺激性化学物质，操作过程请做好防护措施，避免直接接触皮肤，防止吸入口鼻。如不慎沾染皮肤或眼睛，请立即用清水或生理盐水冲洗，必要时请就医。

② 洗涤液最好现用现配，按需计算用量后配制。加入乙醇后的洗涤液如使用不完，2~8℃密封保存不超过 1 周。

③ 倒凝胶板时不要太厚，否则影响电泳效果。

④ 紫外灯光对眼睛有危害，凝胶版上需要盖上观察罩再进行观察。

五、实验结果分析

观察 DNA 条带，条带应该明亮清晰，无拖尾或弥散，若出现 DNA 降解的情况，胶图中可看到不同程度的拖尾或弥散。降解越严重弥散越亮，片段大小会越小。若出现多条条带则说明样品纯度不够，可能还包含 RNA 和蛋白质的污染。

六、实验报告

① 记录本实验的试剂及仪器，并指明要点。

② 试述提取细菌总 DNA 的操作过程及注意事项。

七、思考题

① 为什么不同微生物需要用不同的方法来进行提取？应当如何选择正确的提取方法？

② 为了尽量减少实验过程中对样品的污染，需要注意哪些步骤？

③ 实验中加入 NaCl 起到什么作用？

实验 41　利用 16S rRNA 基因序列进行细菌分类鉴定和系统发育树的构建

一、实验目的

① 了解微生物分子鉴定的原理和应用。

② 掌握利用 16S rRNA 基因进行微生物分子鉴定的操作方法。

③ 运用软件构建系统发育树并对微生物进行系统发育关系分析。

二、实验原理

长期以来，对微生物的分类鉴定主要采用分离培养、形态特征、生化反应和免疫学等方法。但这些传统手段均存在耗时长、特异性差、敏感度低等问题，难以满足现代细菌学研究的要求。随着分子生物学技术的迅速发展，特别是聚合酶链式反应（PCR）技术的出现及核酸研究技术的不断完善，产生了许多新的分类方法，如质粒图谱、限制性片段长度多态性分析、PCR 指纹图谱、rRNA 基因（即 rDNA）指纹图、16S 核糖体核糖核酸（ribosomal RNA，rRNA）序列分析等。这些技术主要是对细菌染色体或染色体外的 DNA 片段进行分析，从遗传进化的角度和分子水平进行细菌分类鉴定，从而使细菌分类更科学、更精确。其中原核生物 16S rRNA 基因（或真核生物 18S rRNA 基因）序列分析技术已被广泛应用于微生物分类鉴定。

核糖体 rRNA 对所有生物的生存都是必不可少的。其中 16S rRNA 在细菌及其他微生物的进化过程中高度保守，被称为细菌的“分子化石”。在 16S rRNA 分子中含有高度保守的序列区域和高度变化的序列区域，因此很适于对进化距离不同的各种生物亲缘关系的比较研究。其具体方法如下：首先借鉴恒定区的序列设计引物，将 16S rRNA 基因片段扩增出来，测序获得 16S rRNA 基因序列，再与生物信息数据库（如 GenBank）中的 16S rRNA 基因序列进行比对和同源性分析比较，利用可变区序列的差异构建系统发育树，分析该微生物与其他微生物之间在分子进化过程中的系统发育关系（亲缘关系），从而到达对该微生物分类鉴定的目的。通常认为，16S RNA 基因序列同源性小于 97%，可以认为属于不同的种，同源性小于 93%~95%，可以认为属于不同的属。

系统进化树（系统发育树）是研究生物进化和系统分类中常用的一种树状分枝图形，用来概括各种生物之间的亲缘关系。通过比较生物大分子序列（核苷酸或氨基酸序列）差异的数值构建的系统树称为分子系统树。系统树分有根树和无根树两种形式。无根树只是简单表示生物类群之间的系统发育关系，并不反映进化途径。而有根树不仅反映生物类群之间的系统发育关系，而且反映出它们有共同的起源及进化方向。分子系统树是在进行序列测定获得分子序列信息后，运用适当的软件由计算机根据各微生物分子序列的相似性或进化距离来构建的。计算分析系统发育相关性和构建系统树时，可以采用不同的方法如基于距离的方法 UPGMA（unweighted pair-group method with Arithmetic mean，非加权配对算术平均法）、ME（Minimum Evolution，最小进化法）、NJ（Neighbor-Joining，邻接法）、MP（Maximum Parsimony，最大简约法）、ML（Maximum Likelihood，最大似然法）和贝叶斯（Bayesian）推断等方法。构建进化树需要做 Bootstrap 检验，一般 Bootstrap 值大于 70，认为构建的进化树较为可靠。如果 Bootstrap 值过低，所构建的进化树的拓扑结构可能存在问题，进化树不可靠。一般采用两种不同方法构建进化树，如果所得进化树相似，说明结果较为可靠。常用构建进化树的软件有 Phylip、Mega、PauP、T-REX 等。

本实验以枯草杆菌的鉴定为例，应用 16S rRNA 基因序列分析技术进行微生物鉴定的实验。

三、实验材料与器具

1. 菌种

枯草杆菌。

2. 培养基

LB 培养基：胰蛋白胨 10 g，酵母提取物 5 g，NaCl 10 g，蒸馏水 1 L，pH 7.2。

3. 试剂和溶液

Mix Taq 酶，引物，琼脂糖，X-gal 等。

4. 仪器设备及其他

PCR 仪，电泳仪，高速冷冻离心机，凝胶成像系统，超净工作台，摇床，电子天平，恒温培养箱等。

四、实验方法

1. 细菌 DNA 提取

参考实验 40。

2. 16S rRNA 基因的 PCR 扩增

50 μL 反应总体系见表 41-1。

表 41-1　反应总体系

2 × Mix Taq	25 μL
引物（10 μmol/L）	
27F	2.0 μL
1492R	2.0 μL
DNA 模板（100 ng/ μL）	2.0 μL
ddH_2O	19 μL

其中扩增引物：27F（5′- AGAGTTTGATCMTGGCTCAG-3′）和 1492R（5′- GGTTAC-

CTTGTTACGACTT-3′)，为生工生物工程（上海）股份有限公司合成。

PCR 扩增参数：94℃预变性，4 min；94℃变性，1 min；55℃复性，1 min；72℃延伸，1.5 min，共 30 个循环；72℃延伸 10 min。

3. 16S rRNA 基因序列测定

将 16S rRNA 基因扩增产物送至测序公司进行 Sanger 双端测序。

4. 16S rRNA 基因序列比对分析

（1）序列准备。

① 序列拼接原理。通过 PCR 获得了 27~1942 区间的双链 DNA 产物，约 1500 bp（碱基对）。由于单端测序仅能获得 886 个碱基，不能够获得完整的序列信息，因此需要双端测序。将双端测序后的序列拼接完整，长度约为 1500 个碱基。测序按照 5′端至 3′端顺序测定，获得的成对序列分别在 DNA 的两条链上（图 41-1 序列 2 和序列 3)，因此需要获得其中一条序列的互补链进行拼接，如将 27F 的序列 2 与 1492R 的序列 1（互补序列）拼接可以获得一条完整的 DNA 单链。然后采用此完整单链进行 DNA 比对以获得物种信息（图 41-1）。

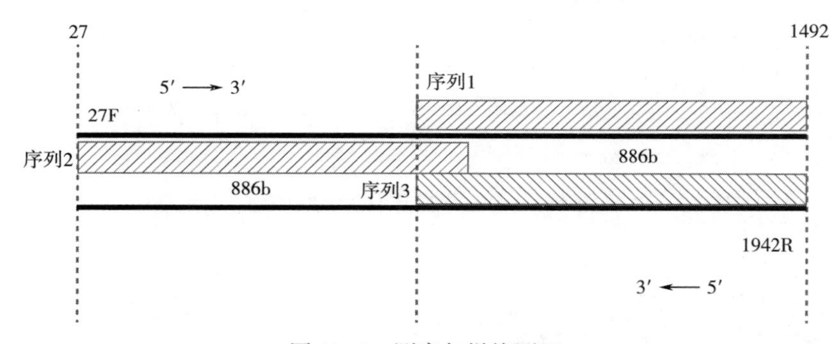

图 41-1 测序与拼接原理

[序列 2、3 为测序公司测得的双端序列，顺序为 5′-3′，长度为 886b（Word 中打开为 886 个字符）。而序列 1 是反向序列（1492R 端）的互补序列，需要通过自行数据处理获得]

② 整理数据。Word 打开 27F 端，打开后如图 41-2 所示，需要删除回车键，使序列连续如图 41-3 所示（测序回来的数据也可能是连续的没有多余的回车键，则打开后无须操作）。

相同的方式打开 1492R 的 5′-3′端序列。

③ 生成 1492R 的互补端。打开 MEGA，导入序列：首先如图 41-4 所示，“ALIGN”——“Edit/Build Alignment”——“create a new alignment”——“DNA”；然后如图 41-5 所示，从 Word 中复制 1492R 的序列，按照图中所示粘贴至 MEGA：右键单击“Sequence”——“Paste”；然后如图 41-6 所示，右键单击“Sequence”——“Reverse complement”（只点击一次），获得 1492R 的互补序列。

④ 拼接序列。通过 Word 查找重复序列进行拼接，27F~1492R 约为 1.5 kb，所以重复的序列大概出现在 750 b（Word 中查看字符，一个字符即一个碱基）后，本次截取 770 b 处的 10 个碱基。通过 Word 查找重复序列，然后删除重复序列之间的序列（重复序列仅保留一个)，完成序列拼接（图 41-7）。

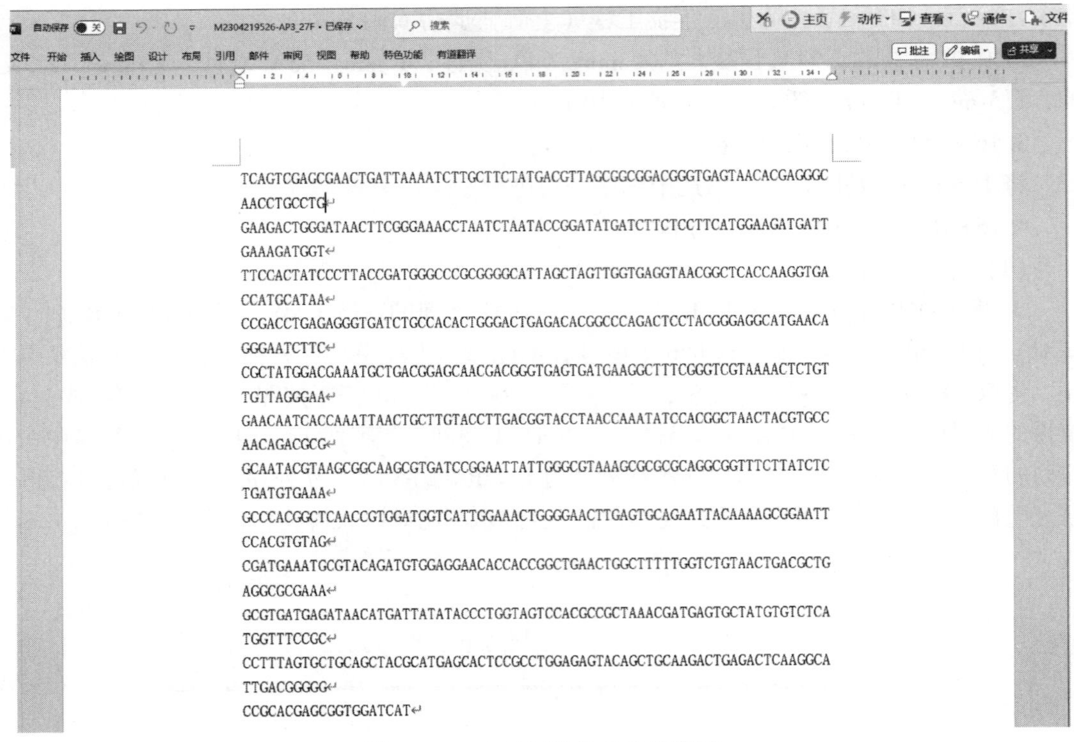

TCAGTCGAGCGAACTGATTAAAATCTTGCTTCTATGACGTTAGCGGCGGACGGGTGAGTAACACGAGGGC
AACCTGCCTG
GAAGACTGGGATAACTTCGGGAAACCTAATCTAATACCGGATATGATCTTCTCCTTCATGGAAGATGATT
GAAAGATGGT
TTCCACTATCCCTTACCGATGGGCCCGCGGGGCATTAGCTAGTTGGTGAGGTAACGGCTCACCAAGGTGA
CCATGCATAA
CCGACCTGAGAGGGTGATCTGCCACACTGGGACTGAGACACGGCCCAGACTCCTACGGGAGGCATGAACA
GGGAATCTTC
CGCTATGGACGAAATGCTGACGGAGCAACGACGGGTGAGTGATGAAGGCTTTCGGGTCGTAAAACTCTGT
TGTTAGGGAA
GAACAATCACCAAATTAACTGCTTGTACCTTGACGGTACCTAACCAAATATCCACGGCTAACTACGTGCC
AACAGACGCG
GCAATACGTAAGCGGCAAGCGTGATCCGGAATTATTGGGCGTAAAGCGCGCGCAGGCGGTTTCTTATCTC
TGATGTGAAA
GCCCACGGCTCAACCGTGGATGGTCATTGGAAACTGGGGAACTTGAGTGCAGAATTACAAAAGCGGAATT
CCACGTGTAG
CGATGAAATGCGTACAGATGTGGAGGAACACCACCGGCTGAACTGGCTTTTTGGTCTGTAACTGACGCTG
AGGCGCGAAA
GCGTGATGAGATAACATGATTATATACCCTGGTAGTCCACGCCGCTAAACGATGAGTGCTATGTGTCTCA
TGGTTTCCGC
CCTTTAGTGCTGCAGCTACGCATGAGCACTCCGCCTGGAGAGTACAGCTGCAAGACTGAGACTCAAGGCA
TTGACGGGGG
CCGCACGAGCGGTGGATCAT

图 41-2　Word 打开的 27F 端序列

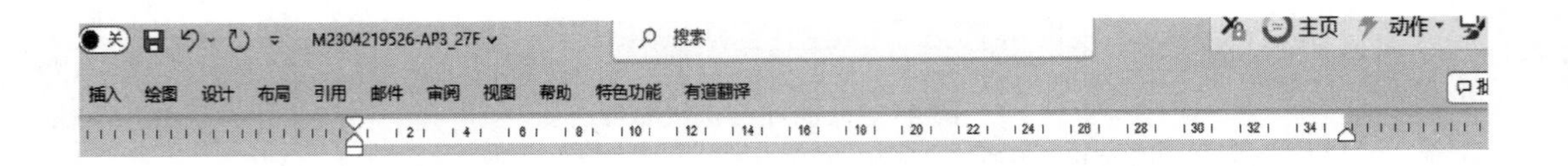

TCAGTCGAGCGAACTGATTAAAATCTTGCTTCTATGACGTTAGCGGCGGACGGGTGAGTAACACGAGGGC
AACCTGCCTGGAAGACTGGGATAACTTCGGGAAACCTAATCTAATACCGGATATGATCTTCTCCTTCATG
GAAGATGATTGAAAGATGGTTTCGACTATCCCTTACCGATGGGCCCGCGGGGCATTAGCTAGTTGGTGAG
GTAACGGCTCACCAAGGTGACCATGCATAACCGACCTGAGAGGGTGATCTGCCACACTGGGACTGAGACA
CGGCCCAGACTCCTACGGGAGGCATGAACAGGGAATCTTCCGCTATGGACGAAATGCTGACGGAGCAACG
ACGGGTGAGTGATGAAGGCTTTCGGGTCGTAAAACTCTGTTGTTAGGGAAGAACAATCACCAAATTAACT
GCTTGTACCTTGACGGTACCTAACCAAATATCCACGGCTAACTACGTGCCAACAGACGCGGCAATACGTA
AGCGGCAAGCGTGATCCGGAATTATTGGGCGTAAAGCGCGCGCAGGCGGTTTCTTATCTCTGATGTGAAA
CCCACGGCTCAACCGTGGATGGTCATTGGAAACTGGGGAACTTGAGTGCAGAATTACAAAAGCGGAATTC
CACGTGTAGCGATGAAATGCGTACAGATGTGGAGGAACACCACCGGCTGAACTGGCTTTTTGGTCTGTAA
CTGACGCTGAGGCGCGAAAGCGTGATGAGATAACATGATTATATACCCTGGTAGTCCACGCCGCTAAACG
ATGAGTGCTATGTGTCTCATGGTTTCCGCCCTTTAGTGCTGCAGCTACGCATGAGCACTCCGCCTGGAGA
GTACAGCTGCAAGACTGAGACTCAAGGCATTGACGGGGGCCGCACGAGCGGTGGATCAT

图 41-3　生成 27F 端连续的序列

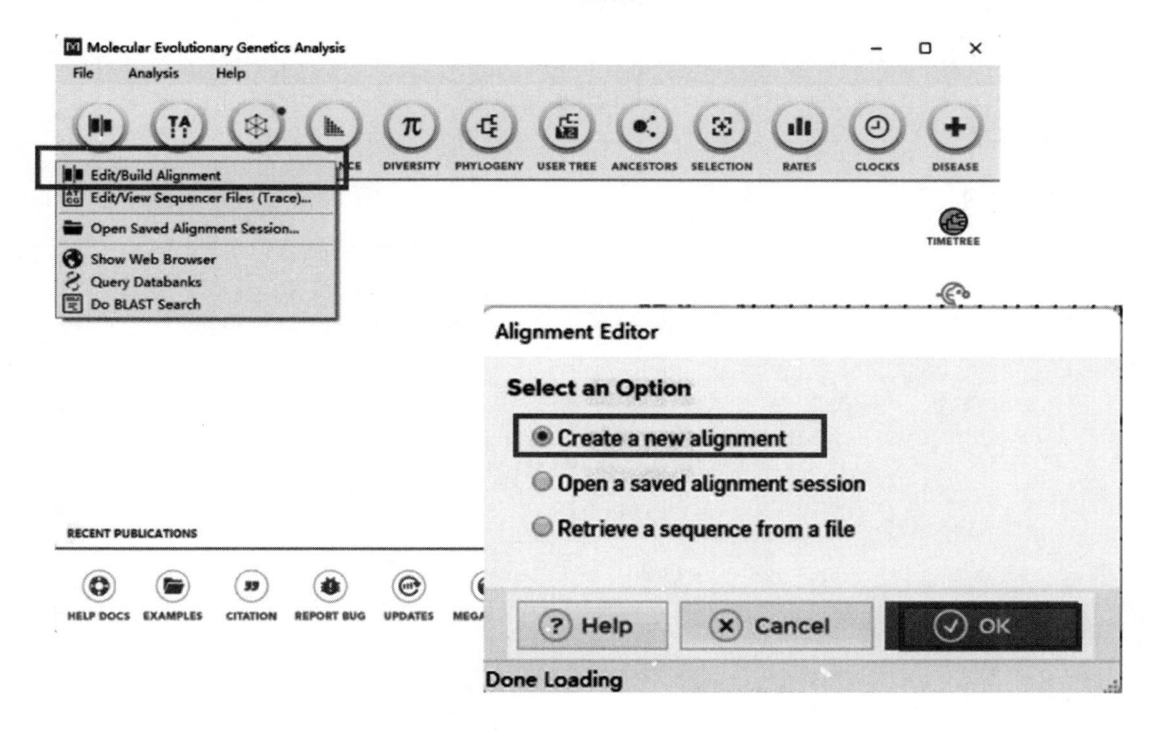

图 41-4　新建序列文件

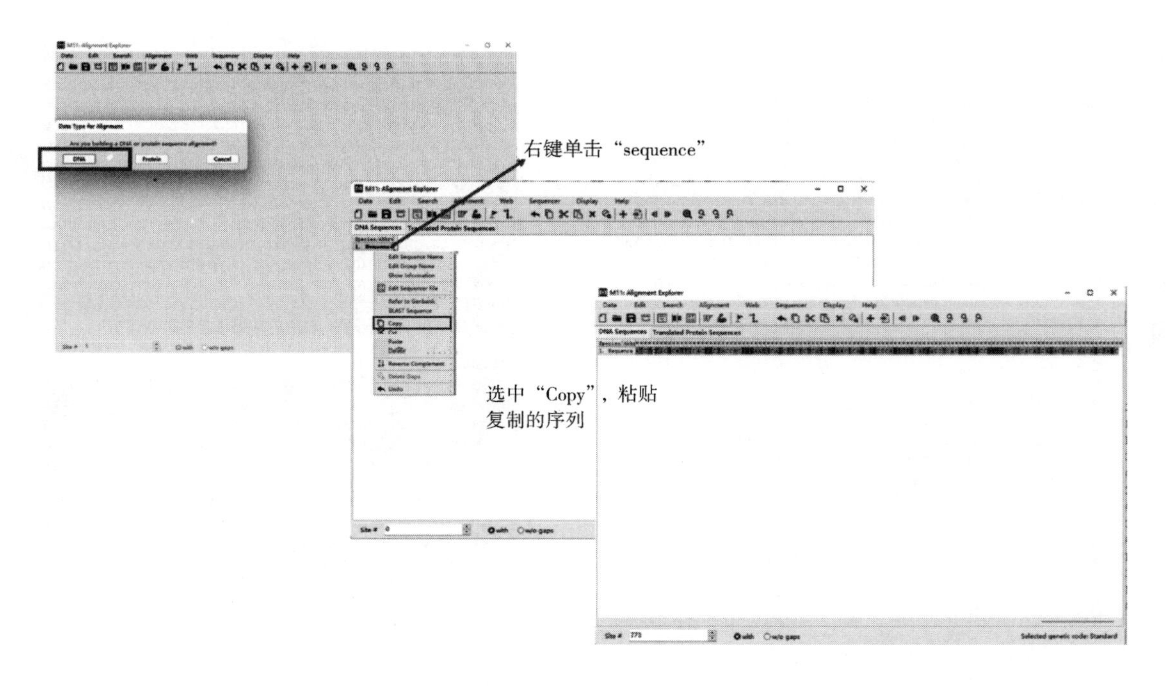

图 41-5　序列的导入

图 41-6　互补序列的获得

查找重复序列

> 27F

TCAGTCGAGCGAACTGATTAAAATCTTGCTTCTATGACGTTAGCGGCGGACGGGTGAGTAACACGAGGGC
AACCTGCCTGGAAGACTGGGATAACTTCGGGAAACCTAATCTAATACCGGATATGATCTTCTCCTTCATG
GAAGATGATTGAAAGATGGTTTCGACTATCCCTTACCGATGGGCCCGCGGGGCATTAGCTAGTTGGTGAG
GTAACGGCTCACCAAGGTGACCATGCATAACCGACCTGAGAGGGTGATCTGCCACACTGGGACTGAGACA
CGGCCCAGACTCCTACGGGAGGCATGAACAGGGAATCTTCCGCTATGGACGAAATGCTGACGGAGCAACG
ACGGGTGAGTGATGAAGGCTTTCGGGTCGTAAAACTCTGTTGTTAGGGAAGAACAATCACCAAATTAACT
GCTTGTACCTTGACGGTACCTAACCAAATATCCACGGCTAACTACGTGCCAACAGACGCGGCAATACGTA
AGCGGCAAGCGTGATCCGGAATTATTGGGCGTAAAGCGCGCGCAGGCGGTTTCTTATCTCTGATGTGAAA
CCCACGGCTCAACCGTGGATGGTCATTGGAAACTGGGGAACTTGAGTGCAGAATTACAAAAGCGGAATTC
CACGTGTAGCGATGAAATGCGTACAGATGTGGAGGAACACCACCGGCTGAACTGGCTTTTTGGTCTGTAA
CTGACGCTGAGGCGCGAAAGCGTGATGAGATAACATGATTATATACCCTGGTAGTCCACGCCGCTAAACG
ATGAGTGCTATGTGTCTCATGGTTTCCGCCCTTTAGTGCTGCAGCTACGCATGAGCACTCCGCCTGGAGA
GTACAGCTGCAAGACTGAGACTCAAGGCATTGACGGGGGCCGCACGAGCGGTGGATCAT

> Re-1492R

GCTAGCTGTTGTTAGTCTGATGTGAAGTCCCCGGCTCACGTGAGGTCATGCAAACTGGGCAGCTGAGTTC
AGATGAGAGAAGCTGAATTCCCGTGGTAGCCGTGAAATGCGTAGAGATGAGGAGGAACACCAGTGGCGAA
GGCGGCTCTCTGGTCTGTATCTGACGATGAGGCGCGAAAGCGTGGGGAGCCAACAGGATTAGATTCCCTG
GTAGTTCCCGCCGTAAACGATGAGTGCTAAGTGTTAGAGGGTTTCCACCTTTTAGTGGTGCAGCTAACGC
ATTAAGCACTCCGCCTGGGGAGTACGGTCGCAAGGTTGAAACTCAAAGGAATTGACGGGGGCCCGCACAA
GCGGTGGAGCATGTGGTTTAATTCGAAGCAACGCGAAGAACCTTACCAGGTCTTGACATCCTATGACATC
TCTAGAGATAGAGCGTTCCCTTTGGGGGCACAGAGTCACAGGTGGCGCATGGTTGTTGTCATCTCGTGTC
GTGAGATGTGGGGTTAAGTCCCGCAGCGAGCGCACCCCTTCATTATAGTTCCCAGCATTTAGTTGGGCAC
TCTAAGGTGACTGCCGGTGACAAACCGGAGGAAGGTGGGGATGACGTCAAATCATCATGCCCCTTATGAC
CTGGGCTACACACGTGCTACAATGGATGGTACAAAGGGTTGCAAGACCGCGAGGTCAAGCCAATCCCATA
AAACCATTCTCAGTTCGGATTGTAGTCTGCAACTCGCCTACATGAAGTTGGAATCGCTAGTAATCGCGGA
TCAGCATGTCGCGGTGAATACGTTCCCGGGCCTTGTACACACCGCCCGTCACACCCACTGGGAGTTGGTA
TGCACCCGAAGTAGGTAGAGTAACCGTAATGAGGCTACACCTAGCA

需要删除的部分

> 27F

TCAGTCGAGCGAACTGATTAAAATCTTGCTTCTATGACGTTAGCGGCGGACGGGTGAGTAACACGAGGGC
AACCTGCCTGGAAGACTGGGATAACTTCGGGAAACCTAATCTAATACCGGATATGATCTTCTCCTTCATG
GAAGATGATTGAAAGATGGTTTCGACTATCCCTTACCGATGGGCCCGCGGGGCATTAGCTAGTTGGTGAG
GTAACGGCTCACCAAGGTGACCATGCATAACCGACCTGAGAGGGTGATCTGCCACACTGGGACTGAGACA
CGGCCCAGACTCCTACGGGAGGCATGAACAGGGAATCTTCCGCTATGGACGAAATGCTGACGGAGCAACG
ACGGGTGAGTGATGAAGGCTTTCGGGTCGTAAAACTCTGTTGTTAGGGAAGAACAATCACCAAATTAACT
GCTTGTACCTTGACGGTACCTAACCAAATATCCACGGCTAACTACGTGCCAACAGACGCGGCAATACGTA
AGCGGCAAGCGTGATCCGGAATTATTGGGCGTAAAGCGCGCGCAGGCGGTTTCTTATCTCTGATGTGAAA
CCCACGGCTCAACCGTGGATGGTCATTGGAAACTGGGGAACTTGAGTGCAGAATTACAAAAGCGGAATTC
CACGTGTAGCGATGAAATGCGTACAGATGTGGAGGAACACCACCGGCTGAACTGGCTTTTTGGTCTGTAA
CTGACGCTGAGGCGCGAAAGCGTGATGAGATAACATGATTATATACCCTGGTAGTCCACGCCGCTAAACG
ATGAGTGCTATGTGTCTCATGGTTTCCGCCCTTTAGTGCTGCAGCTACGCATGAGCACTCCGCCTGGAGA
GTACAGCTGCAAGACTGAGACTCAAGGCATTGACGGGGGCCGCACGAGCGGTGGATCAT

> Re-1492R

GCTAGCTGTTGTTAGTCTGATGTGAAGTCCCCGGCTCACGTGAGGTCATGCAAACTGGGCAGCTGAGTTC
AGATGAGAGAAGCTGAATTCCCGTGGTAGCCGTGAAATGCGTAGAGATGAGGAGGAACACCAGTGGCGAA
GGCGGCTCTCTGGTCTGTATCTGACGATGAGGCGCGAAAGCGTGGGGAGCCAACAGGATTAGATTCCCTG
GTAGTTCCCGCCGTAAACGATGAGTGCTAAGTGTTAGAGGGTTTCCACCTTTTAGTGGTGCAGCTAACGC
ATTAAGCACTCCGCCTGGGGAGTACGGTCGCAAGGTTGAAACTCAAAGGAATTGACGGGGGCCCGCACAA
GCGGTGGAGCATGTGGTTTAATTCGAAGCAACGCGAAGAACCTTACCAGGTCTTGACATCCTATGACATC
TCTAGAGATAGAGCGTTCCCTTTGGGGGCACAGAGTCACAGGTGGCGCATGGTTGTTGTCATCTCGTGTC
GTGAGATGTGGGGTTAAGTCCCGCAGCGAGCGCACCCCTTCATTATAGTTCCCAGCATTTAGTTGGGCAC
TCTAAGGTGACTGCCGGTGACAAACCGGAGGAAGGTGGGGATGACGTCAAATCATCATGCCCCTTATGAC
CTGGGCTACACACGTGCTACAATGGATGGTACAAAGGGTTGCAAGACCGCGAGGTCAAGCCAATCCCATA
AAACCATTCTCAGTTCGGATTGTAGTCTGCAACTCGCCTACATGAAGTTGGAATCGCTAGTAATCGCGGA
TCAGCATGTCGCGGTGAATACGTTCCCGGGCCTTGTACACACCGCCCGTCACACCCACTGGGAGTTGGTA
TGCACCCGAAGTAGGTAGAGTAACCGTAATGAGGCTACACCTAGCA

图 41-7　拼接序列

通过测序获得需要鉴定的目标菌株的序列信息，一般细菌测 16S rDNA（全长 1.5 kb 左右），真菌测 ITS 序列（500~750 b）。

（2）将序列上传至 NCBI 数据库与已知菌种序列进行比较（图 41-8）。

① 打开 NCBI 官网，点击右侧的 BLAST，选择 Nucleotide BLAST，进入比对页面。16S rDNA 序列也可以通过 EzBioCloud 数据库进行比对。

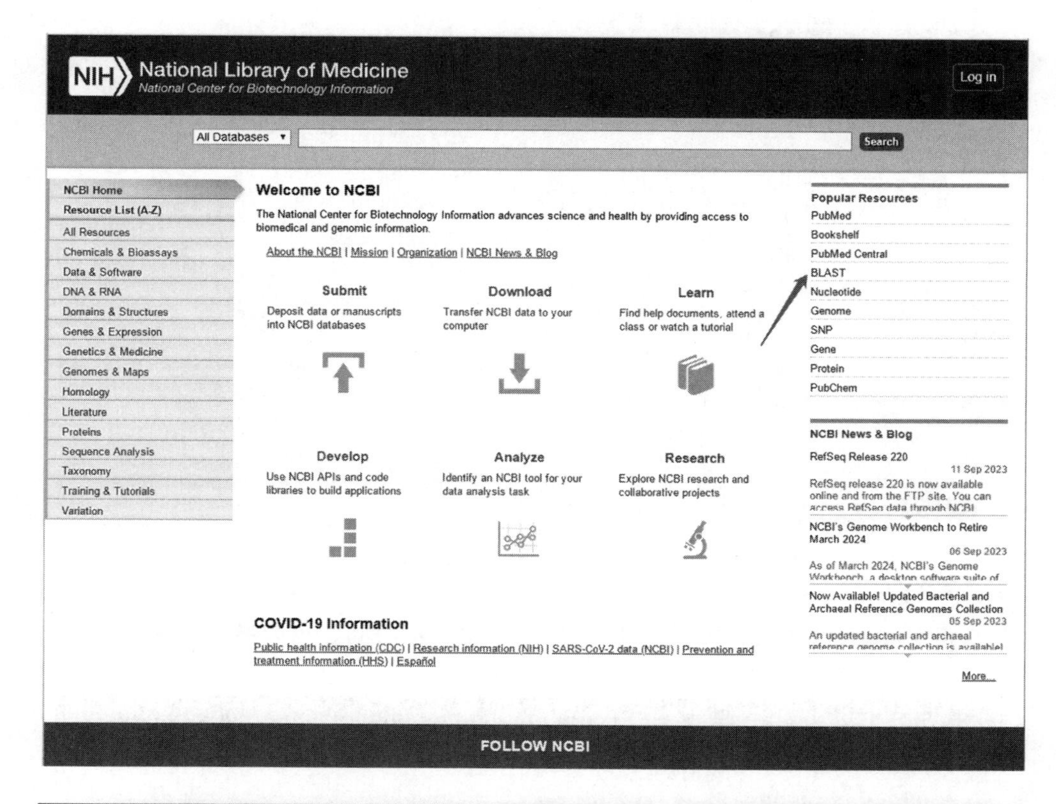

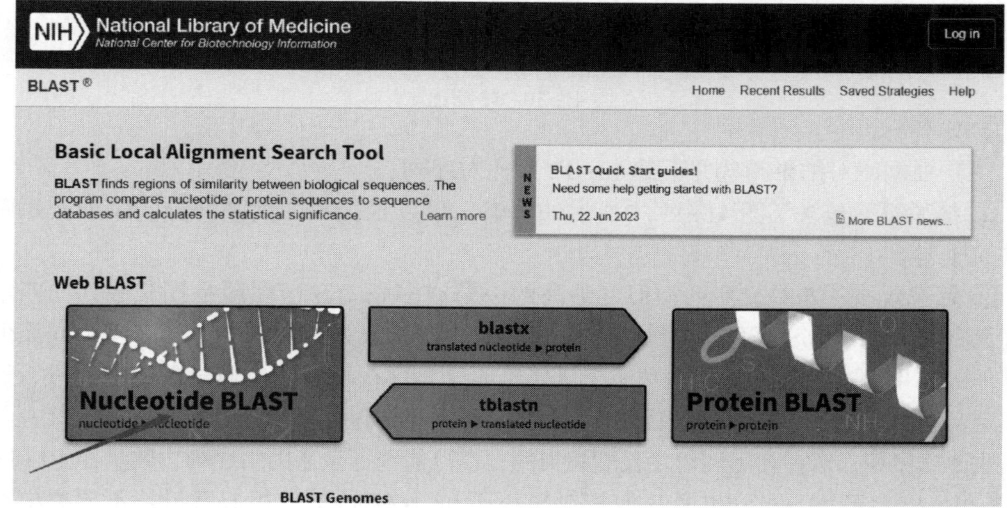

图 41-8　序列比较

② 在 blastn 选项下面粘贴比对的序列（粘贴的序列中间不能有空格），其他选项见图 41-9。

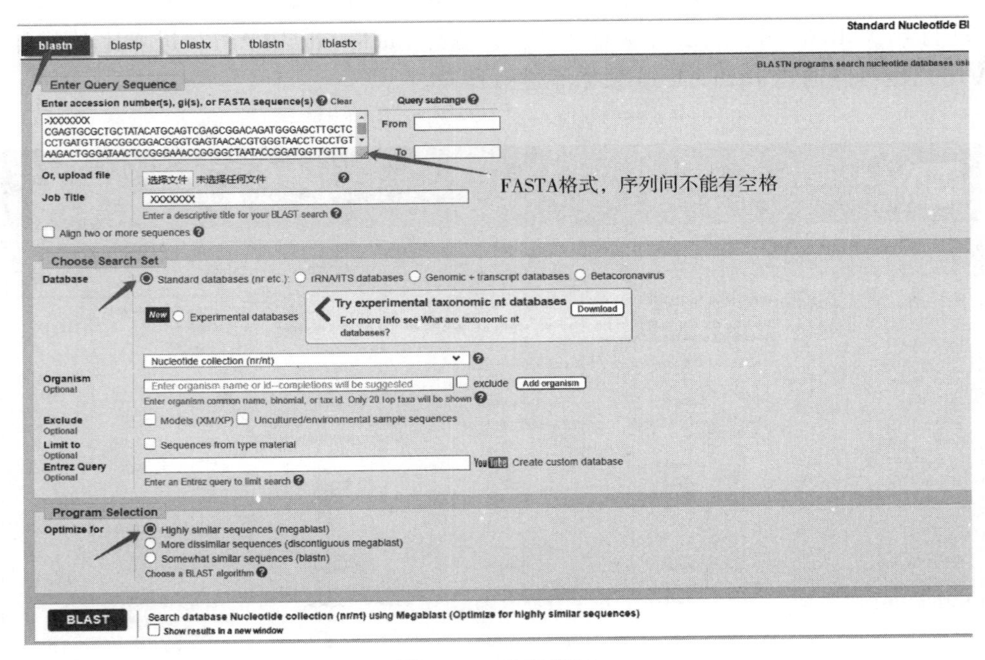

图 41-9　粘贴序列

③ 点击 blast 进行序列比对（图 41-10）（需要一定时间，页面隔几秒刷新一次）。

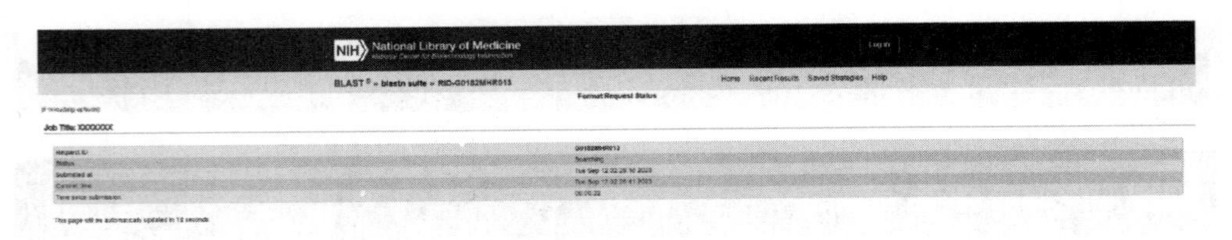

图 41-10　序列比对

（3）根据比对结果筛选并下载 10~12 条比对序列。

① 结果页面包含了图 41-11 中所示的要素，可以根据相似度及评分、序列长短筛选想要的序列。

② 筛选规则。与提交序列相似度最高的一条或多条 16S 序列即是提交序列的匹配结果（菌种鉴定时，16S 序列比对结果在属水平上具有说服力，所以会显示有多个同属但是不同种的结果，这说明我们的菌种属于该属，至于是什么种还需要通过功能基因进行进一步鉴定）。由于提交序列全长为 1500 bp 左右，所以筛选过程中尽量选择与之长短相差不大的模式菌株序列，实在找不到与之长度相当的，尽可能选择全基因组序列，数量在 10~13 条（一条相似度大于 98.6%的以及其他相似度小于 98.6%的），且相似度最好不要集中在很小的一个范围内（太集中作图效果会大大折扣）。

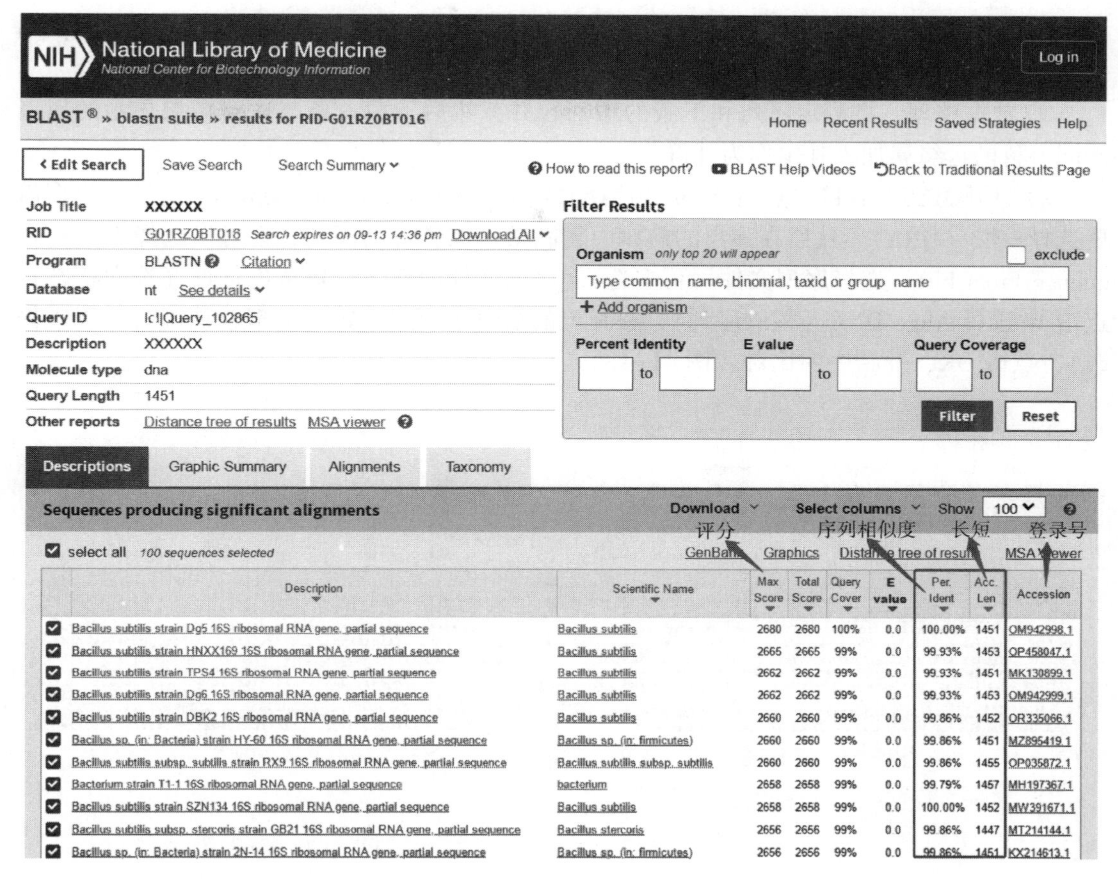

图 41-11　结果页面

③ 选中序列后下载 FASTA 格式的 txt 文档就行（图 41-12）。

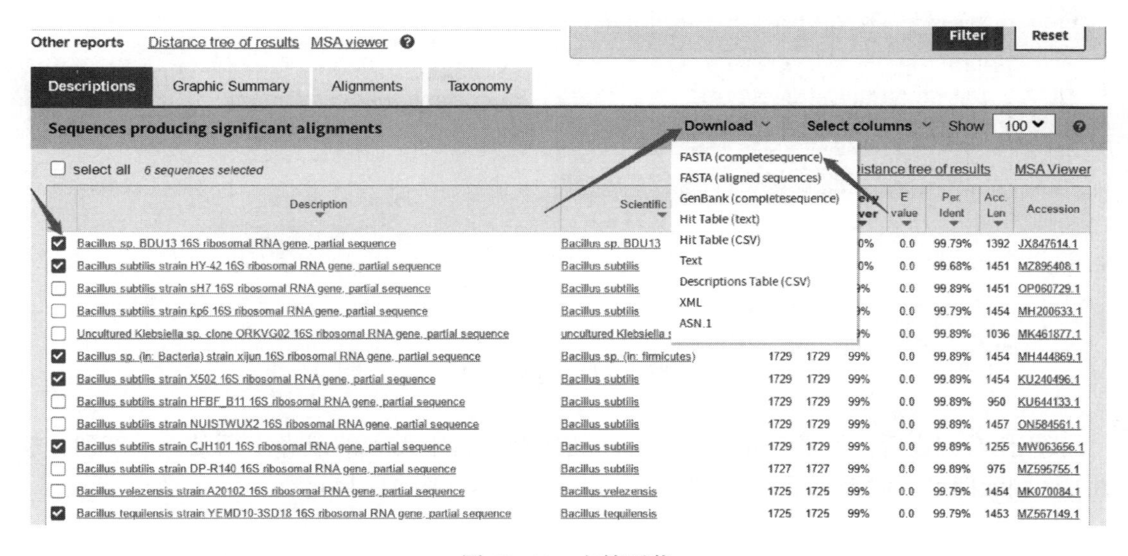

图 41-12　文档下载

（4）利用MEGA软件（官网或其他途径下载即可，任何版本都可以）进行多序列比对。

① 数据整理。将测定序列和下载的序列合并，然后下载一条与比对结果显示的属属于同一科的远缘属加入其中作为外群。

② 打开MEGA软件，点击Align，选择Create a new alignment，点击OK，然后根据需要选择核酸（DNA），然后在弹出的窗口中复制粘贴准备好的序列，也可以选择Insert Sequence From File，选择序列文件（可多选）。序列文件加载之后呈黄色背景（选中状态），点击W选择Align DNA（核酸序列），在弹出的窗口中设置参数（一般默认即可，无须修改），点击OK，开始序列比对（图41-13）。

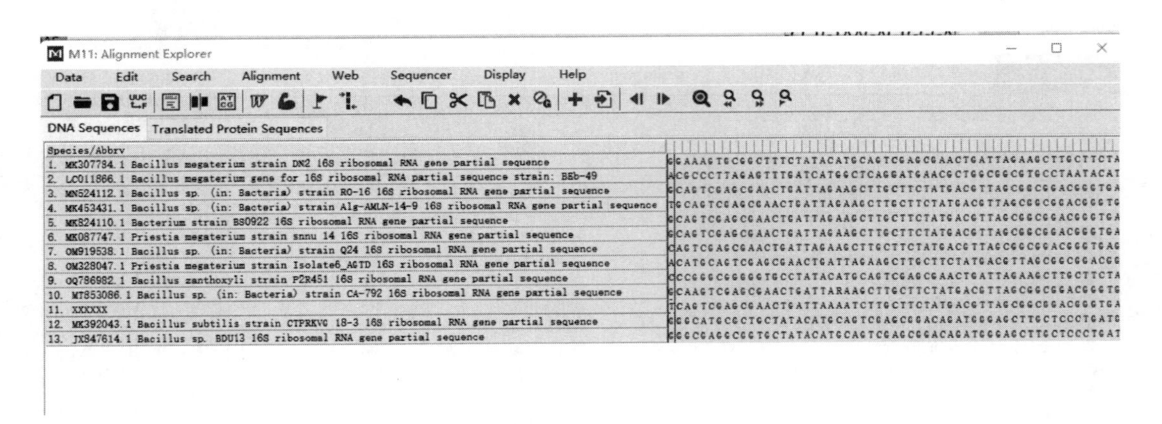

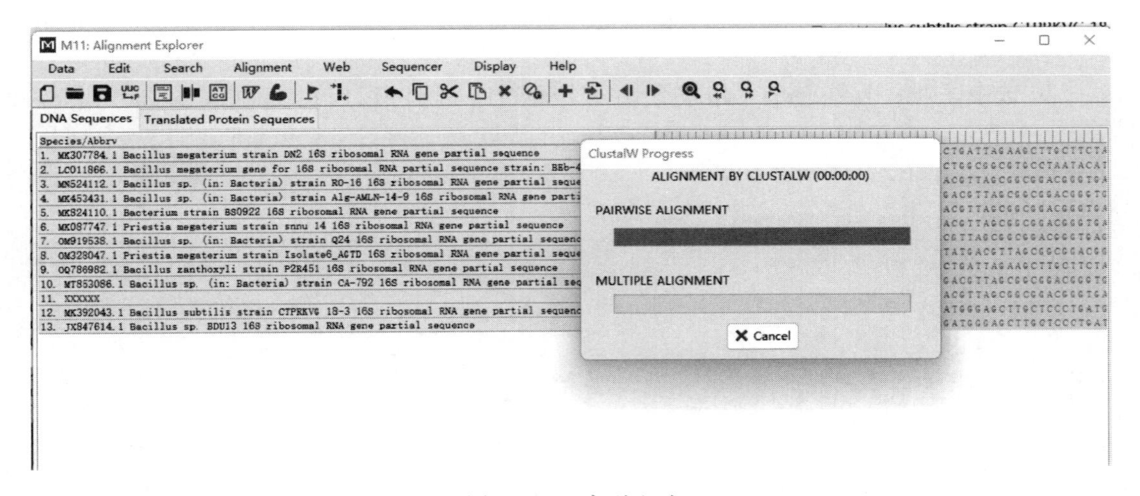

图41-13　序列比对

③ 比对完成后，需要截齐两端含有*的序列，选中无*的或者上面是---序列，按Delete删除即可，截齐之后保存文件为：Bacillus. mas（图41-14）。

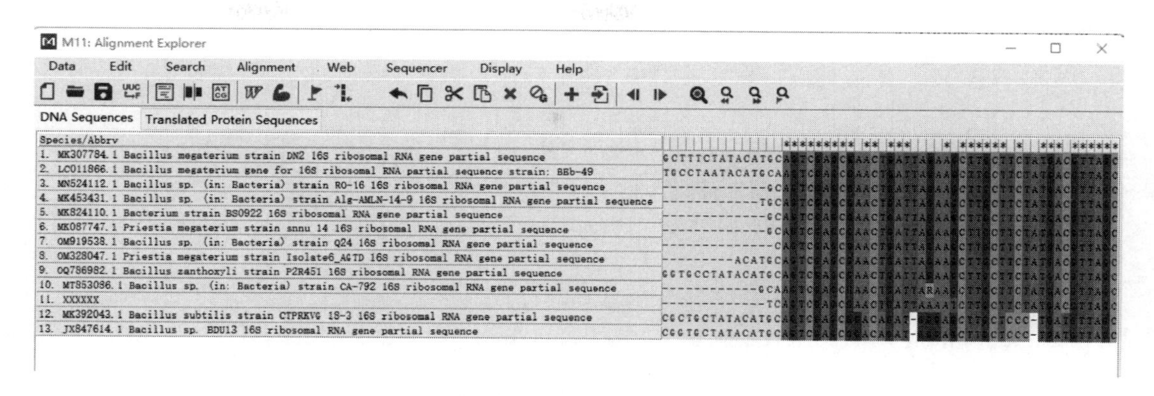

图 41-14　文件保存

5. 构建系统发育树

多序列比对窗口点击 Data，选择 Phylogenetic Analysis，弹出窗口询问：所有序列是否编译蛋白质，根据实际情况选择 Yes 或 No（图 41-15）。

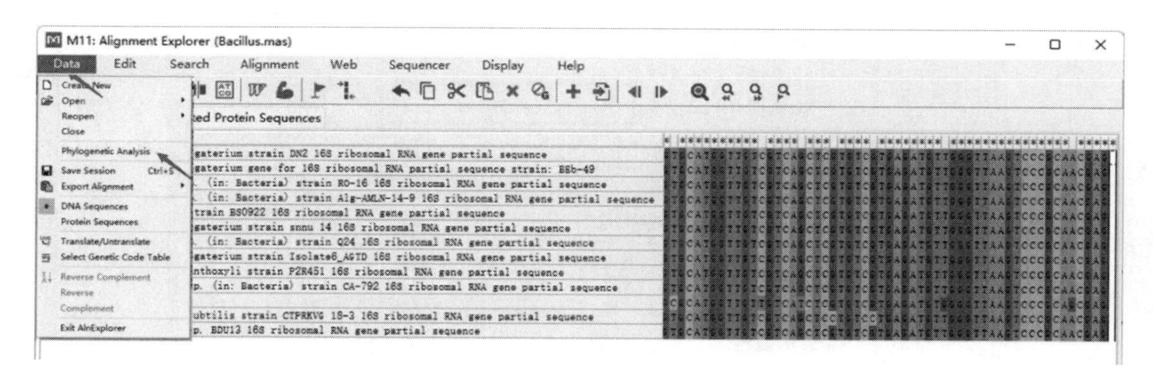

图 41-15　系统发育树

此时，返回 MEGA 主界面进行系统发育树的构建。MEGA 主界面点击 Phylogeny，选择 Construct/Test Neighbor-Joining Tree，弹出的对话框询问：是否使用当前激活的数据，选择 Yes。这时弹出建树参数设置对话框，根据实际需要设置即可（图 41-16），然后点击 Compute，完成建树弹出建好的系统发育树。

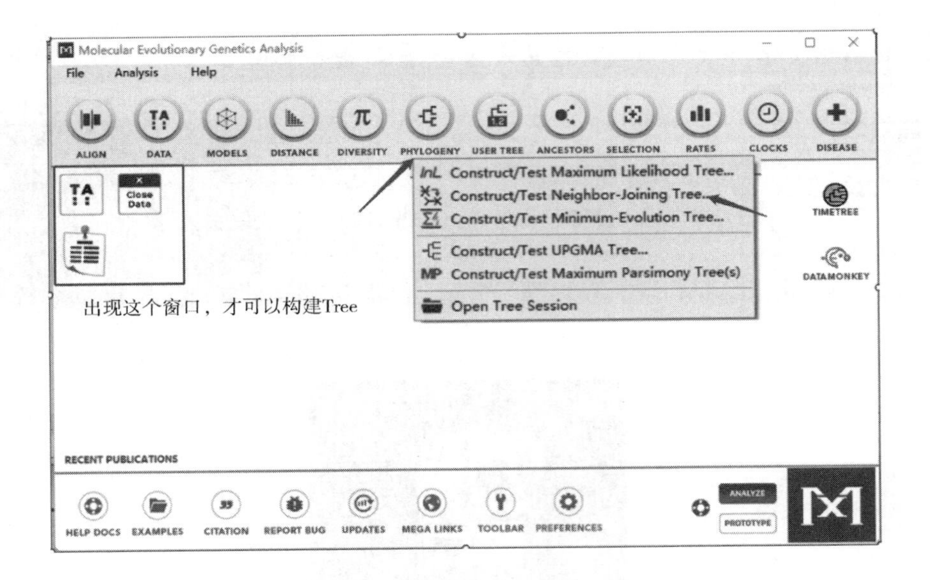

Molecular Evolutionary Genetics Analysis
File
Analysis
Help
ALIGN
DATA
MODELS
DISTANCE
DIVERSITY
PHYLOGENY
USER TREE
ANCESTORS
SELECTION
RATES
CLOCKS
DISEASE
Close Data
lnL Construct/Test Maximum Likelihood Tree...
Construct/Test Neighbor-Joining Tree...
Construct/Test Minimum-Evolution Tree...
Construct/Test UPGMA Tree...
MP Construct/Test Maximum Parsimony Tree(s)
Open Tree Session
TIMETREE
DATAMONKEY
出现这个窗口，才可以构建Tree
RECENT PUBLICATIONS
HELP DOCS
EXAMPLES
CITATION
REPORT BUG
UPDATES
MEGA LINKS
TOOLBAR
PREFERENCES
ANALYZE
PROTOTYPE

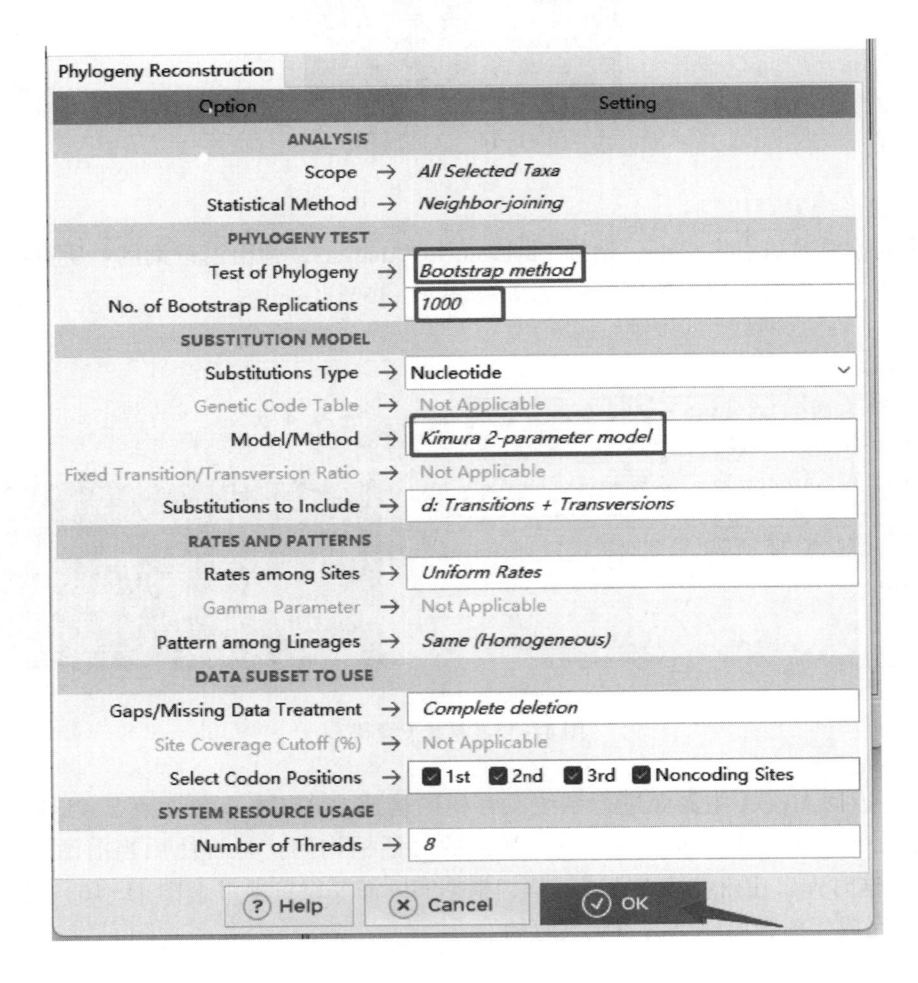

Phylogeny Reconstruction
Option
Setting
ANALYSIS
Scope → All Selected Taxa
Statistical Method → Neighbor-joining
PHYLOGENY TEST
Test of Phylogeny → Bootstrap method
No. of Bootstrap Replications → 1000
SUBSTITUTION MODEL
Substitutions Type → Nucleotide
Genetic Code Table → Not Applicable
Model/Method → Kimura 2-parameter model
Fixed Transition/Transversion Ratio → Not Applicable
Substitutions to Include → d: Transitions + Transversions
RATES AND PATTERNS
Rates among Sites → Uniform Rates
Gamma Parameter → Not Applicable
Pattern among Lineages → Same (Homogeneous)
DATA SUBSET TO USE
Gaps/Missing Data Treatment → Complete deletion
Site Coverage Cutoff (%) → Not Applicable
Select Codon Positions → 1st 2nd 3rd Noncoding Sites
SYSTEM RESOURCE USAGE
Number of Threads → 8
Help
Cancel
OK

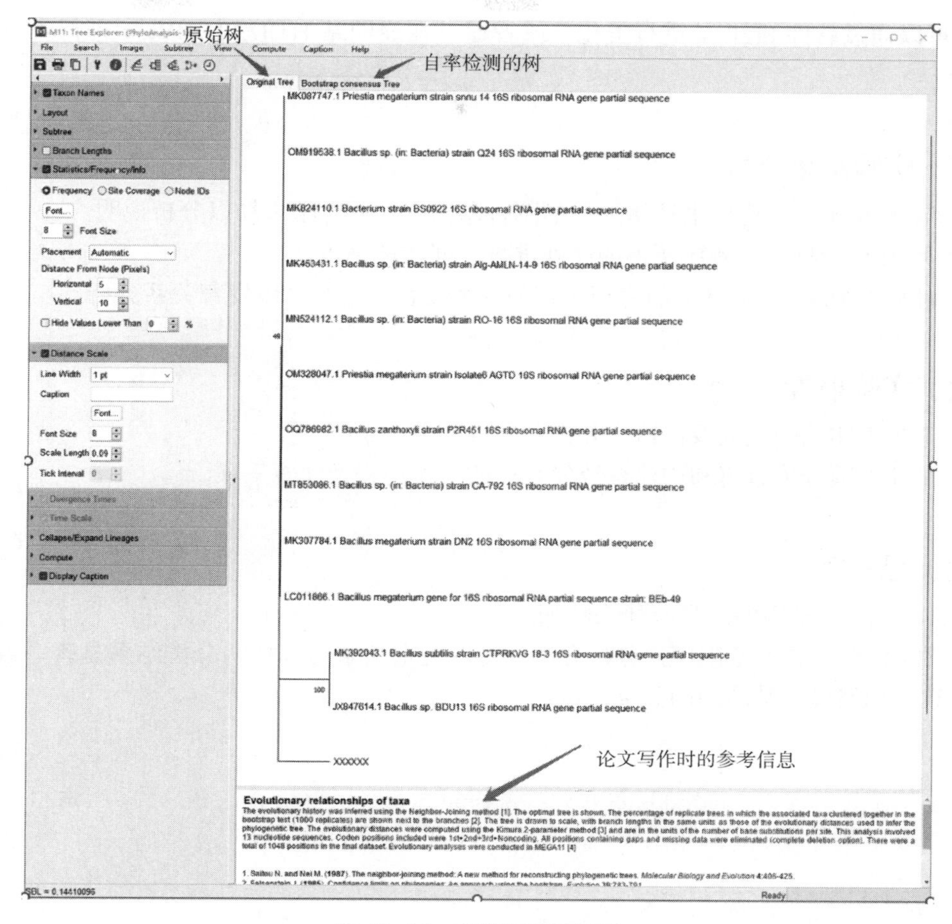

图 41-16　系统发育树结果

6. 发育树美化

得到系统发育树后，可以将其复制粘贴至 Word 或者 PPT 进行美化（图 41-17）。

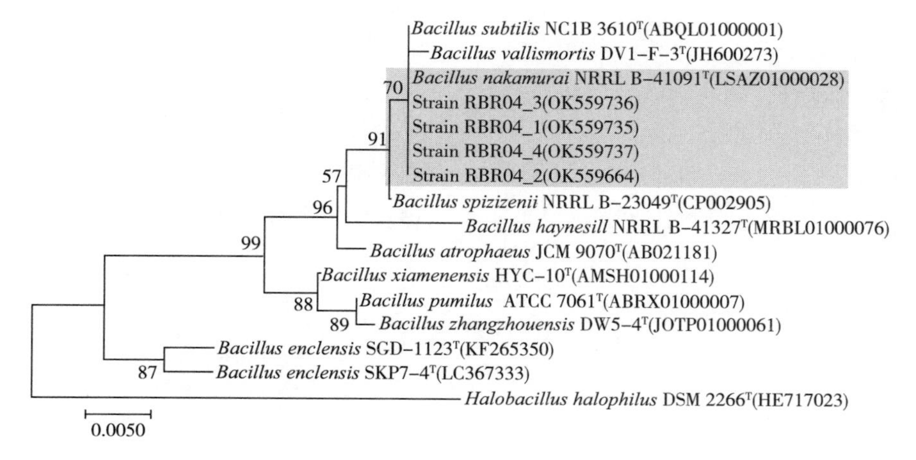

图 41-17　发育树美化

也可以通过软件 FigTree 进行美化，或者通过在线网站 ITOL、EvolView 进行发育树的美化。

五、实验结果分析

① 将 PCR 扩增的凝胶电泳结果扫描图打印出来，并对结果加以分析说明。

② 对 PCR 产物进行测序所得的序列进行序列特征分析。

③ 对基于 16S rRNA 基因的序列构建的系统发育树进行系统发育关系分析。

六、实验报告

① 记录本实验的试剂及仪器，并指明要点。

② 试述细菌分类鉴定和构建系统发育树的操作过程及注意事项。

七、思考题

① 16S rRNA 基因的序列有什么特征?

② 利用 16S rRNA 基因序列分析方法获得的鉴定结果与菌株的分类结果是否一致? 假设不一致，如何确定其准确的分类地位?

实验 42　利用 ITs 序列进行真菌分类鉴定

一、实验目的

① 学习分子生物学技术，包括 DNA 提取、PCR 扩增和测序等。

② 探索微生物多样性，了解真菌在生态系统中的分布和重要性。

③ 培养科研思维，学习实验设计、数据分析和结果解释。

④ 提升综合能力，包括实验技巧、科学思维和数据处理能力。

二、实验原理

ITS（内转录间隔区，Internal Transcribed Spacer）区域序列的测定是目前真菌分类研究的一项重要技术手段，对于鉴定及研究真菌属内和属间遗传关系具有重要作用。ITS 区指的是 5. 8S rDNA、18S rDNA 和 28S rDNA 之间的两个转录间隔区，包括 ITS1 和 ITS2，这两个区域在不同的物种中序列差异较大，因此常常被用作微生物（特别是真菌）种群分类和鉴定的分子标记。真菌的 ITS 序列长度一般在 550~750 bp（碱基对）。在真菌分类鉴定中，ITS 序列已经被广泛接受为“黄金标准”，可以提供精确和可靠的鉴定结果。

三、实验材料与器具

1. 实验材料

待鉴定的真菌样品。10×TE 缓冲液，1 mol/L Tris-HCl（pH 8. 0），酚/氯仿/异戊醇（25∶24∶1），TAE 缓冲液（50×），溴酚蓝-甘油指示剂，0. 5 μg/mL 溴化乙锭染液，Mix Taq 酶，引物，琼脂糖，X-gal 等。

2. 实验器具

- 4℃冰箱，2 mL 离心管，离心机，热循环仪（PCR 仪），超净工作台，凝胶电泳仪，紫外光成像系统等。

四、实验方法

1. 真菌 DNA 提取

挑取菌丝，添加液氮研磨裂解菌体，其他步骤参考实验 40。

需要注意的是，细菌细胞壁结构和组成与真菌细胞壁存在差异。真菌细胞壁含有纤维素和壳多糖等物质，而细菌细胞壁主要由肽聚糖组成。因此，在细胞裂解步骤中，从细菌中提取 DNA 可能需要更强力的裂解方法，如蛋白酶 K 的使用。此外，细菌和真菌在细胞数量、大小和生物学特性等方面也存在差异，这些差异可能需要在提取 DNA 的过程中进行相应调整。

2. PCR 扩增

常用引物如表 42-1 所示。

表 42-1　用于扩真菌 ITS 区域的常用引物

引物	序列（5′-3′）	位置
ITS1	TCCGTAGGTGAACCTGCGC	18 S
ITS1F	CTTGGTCATTTAGAGGAAGTAA	18 S
ITS1 R	(TA)TGGT(CT)(AGT)(TC)(TC)TAGAGGAAGTAA	18 S
ITS5	GGAAGGTAAAAGTCAAGG	18 S
ITS4	TCCTCCGCTTATTGAATGC	28 S
ITS4-B	CAGGAGACTTGTACACGGTCCAG	28 S
ITS4-R	CAGACTT（GA）TA（CT）ATGGTCCAG	28 S

25 μL 反应总体系如表 42-2 所示。

表 42-2　PCR 体系（25 μL）

2 × Mix Taq	12.5 μL
引物（10 μmol/L）	—
ITS1	0.5 μL
ITS4	0.5 μL
DNA 模板（100 ng/ μL）	1.0 μL
ddH_2O	10.5 μL

选取真菌通用引物 ITS1 和 ITS4 进行本实验的 ITS 扩增反应，由生工生物工程（上海）股份有限公司合成，引物序列为：ITS1：5′-TCCGTAGGTGAACCTGCGG-3′，ITS4：5′-TCCTCCGCTTATTGATATGC-3′。

PCR 扩增参数：94℃预变性，2~5 min；94℃变性，1 min；55℃复性，1 min；72℃延伸，1.5 min，共 30 个循环；72℃延伸 10 min。

扩增产物经 1%琼脂糖疑胶电泳检测后，送至生工生物工程（上海）股份有限公司进行 Sanger 测序。

注：具体的 PCR 参数可能会因 PCR 仪器、引物和模板 DNA 的特性而有所不同。因此，在设计 PCR 实验时，建议根据引物和模板 DNA 的特性进行初步优化，包括确定最佳的退火温度、循环次数和延伸时间等。

注：送测过程中样品放在干冰盒保藏，避免样品反复冻融。

3. 序列分析

该部分可以参考实验 41，主要步骤如下。

① 下载测序结果。在测序公司官网下载测序结果。

② 序列质量控制和修剪。对测序得到的 ITS 序列进行质量控制和修剪。这包括去除低质量的碱基、修剪引物序列和处理可能存在的测序错误。

③ 物种鉴定与系统发育分析。使用序列比对工具（如 BLAST）将修剪后的 ITS 序列与数据库中的已知真菌 ITS 序列进行比对，以确定物种身份或寻找最相似的参考序列。此外，还可以使用系统发育分析软件（如 MEGA、PAUP）构建系统发育树，研究真菌的亲缘关系和进化历史。

注：ITS 序列分析的详细步骤和工具可能会因研究目的、实验室资源和研究者的偏好而有所不同。因此，在实际应用中，可以根据具体情况进行适当的调整和改进。

五、实验结果分析

若 PCR 产物的跑胶结果出现拖尾或者出现与目标长度不一致的片段，可能的原因是 PCR 引物不纯，或者在实验过程中引入了外源片段。

实验过程中尽量避免手指温度影响使用的微生物实验试剂，可能会影响酶活性等，从而导致实验失败。

六、实验报告

① 记录 PCR 实验过程中的操作过程以及注意事项。

② 绘制 ITs 序列进行真菌分类鉴定的流程图，标明使用的仪器设备，包括使用的分析软件以及数据库。

七、思考题

① 为什么选择 ITS 序列来作为真菌鉴定，还有别的片段可以用作菌种鉴定吗？

② PCR 过程中需要设置几个循环扩增才能保证目标 PCR 产物的纯度？

③ Sanger 测序技术的优势什么，相较于二代测序三代测序有什么不足之处？

实验 43　微生物群落结构的分析

一、实验目的

① 学习掌握变性梯度凝胶电泳的原理和方法。

② 熟悉变性梯度凝胶电泳的操作步骤。

③ 分析并掌握变性梯度凝胶电泳的思路，并了解其在微生物群落研究中的地位。

二、实验原理

双链 DNA 分子在一般的聚丙烯酰胺凝胶电泳时，其迁移行为取决于其分子大小和电荷。不同长度的 DNA 片段能够被区分开，但同样长度的 DNA 片段在凝胶中的迁移行为一样，因此不能被区分。DGGE 技术在一般的聚丙烯酰胺凝胶基础上，加入了变性剂（尿素和甲酰胺）梯度，从而能够把同样长度但序列不同的 DNA 片段区分开来。

不同的双链 DNA 片段因为其序列组成不一样，所以其解链区域及各解链区域的解链温度也不一样。同样长度但序列不同的 DNA 片段会在胶中不同位置达到各自最低解链区域的解链温度，因此它们会在胶中的不同位置发生部分解链导致迁移速率大大下降，从而在胶中被区分开来。然而，一旦温度（或变性剂浓度）达到 DNA 片段最高的解链区域温度时，DNA 片段会完全解链，成为单链 DNA 分子，此时它们又能在胶中继续迁移。因此，如果不同 DNA 片段的序列差异发生在最高的解链区域时，这些片段就不能被区分开来。

在 DNA 片段的一端加入一段富含 GC 的 DNA 片段（一般 30~50 个碱基对），使 DNA 片段最高的解链区域在 GC 夹子这一段序列处，它的解链温度很高，可以防止 DNA 片段在 DGGE/TGGE 胶中完全解链。当加了 GC 夹子后，DNA 片段中基本上每个碱基处的序列差异都能被区分开。

DGGE 有两种电泳形式：垂直电泳和水平电泳。垂直电泳是为了确定变性剂梯度；而水平电泳则是对比分析不同样品的微生物差异。本次试验做的是水平电泳，主要对比分析不同样品的微生物差异（图 43-1）。

三、实验材料与器具

1. 实验材料

16S rDNA V3 区 PCR 扩增产物，胶浓度为 8%，变性剂浓度分别为 0% 和 90% 丙烯酰胺胶，50×TAE buffer，去离子甲酰胺，尿素，去离子水，10% 过硫酸铵，TEMED，sDNA 染料。

2. 实验器具

DGGEsystem（D-Code，Bio-Rad），移液管，移液枪，枪头，制胶设备，30 mL 针筒，聚乙烯细管，电泳仪。

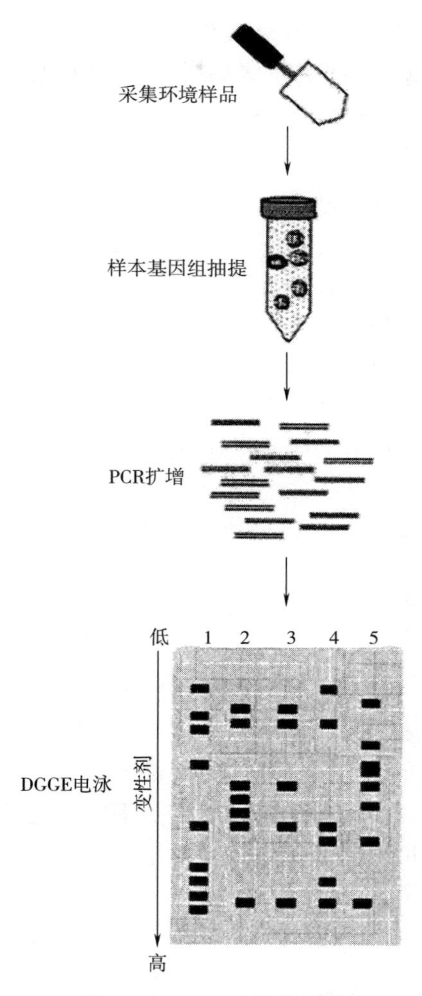

图 43-1 DGGE 操作程序

四、实验方法

变性梯度凝胶电泳（DGGE）

1. 配制变性胶溶液

将 50×TAE buffer 稀释为 1×TAE buffer，配制 35%和 55%的变性胶溶液各 15. 5 mL。其中 35%的变性溶液需要加入 6 mL 90%的变性胶溶液和 9. 5 mL 0%的变性胶溶液；55%的变性溶液需要加入 9. 5 mL 90%的变性胶溶液和 6 mL 的 0%的变性胶溶液。

2. 连接装置并制胶

将海绵垫固定在制胶架上，把类似“三明治”结构的制胶板系统垂直放在海绵上方，分布在制胶架两侧的偏心轮固定好制胶板系统，注意一定是短玻璃的一面正对着自己。将三根聚乙烯细管中短的那根与 Y 形管相连，两根长的则与小管套相连，并连在 30 mL 的注射器上。在两个注射器上分别标记“高浓度”与“低浓度”，并安装上相关的配件；逆时针方向旋转凸轮到起始位置。将体积设置显示装置固定在注射器上并调整到目标体积设置。将配制好的两种变性浓度的丙烯酰胺溶液倒入两个离心管中，每管加入 12 μL TEMED，80 μL 10% APS，迅速盖上并旋紧帽后上下颠倒数次混匀。将两种变性溶液分别吸入相应注射器中。通过推动注射器推动杆小心赶走气泡；分别将高浓度、低浓度注射器放在梯度传送系统的正确一侧固定好，再将注射器的聚丙烯管同 Y 形管相连，轻柔并稳定地旋转凸轮来传送溶液，以使溶液恒速的被灌入三明治式的凝胶板中，灌完后插上梳子，迅速清洗用完的设备。

3. 测定样品

待胶干后，在梳孔中加入相应样品，之后在 75 V 的条件下电泳 20 h。在 200 mL 1× TAE 中加入 30 μL sDNA 染料（或 20 μL 1% EB），混匀后小心倒入容器中。拨开一块玻璃板，将胶（带着一块玻璃板）放入容器中。轻轻晃动玻璃板，使胶与玻璃板脱落，置于水平摇床轻轻摇晃染色 20 min。利用生物电泳分析系统对染色后的胶进行拍照。

注意事项：

① 配制试剂时一定要用去离子水，制胶洗膜时用的各个容器也要用去离子水洗涤干净，以防止氯离子污染。

② 制胶是实验的关键。在往玻璃板中灌胶时，要匀速地转动轮滑，将凝胶匀速地灌入玻璃板。

③ 灌完胶后，立刻清洗注射器，以防丙烯酰胺凝固，堵塞管子。

④ DGGE 的电泳缓冲液要超过“RUN”刻度线，不要超过“Maximam”刻度线。

⑤ 点样时，要用小型注射器，伸入点样孔底部点样。

⑥ 银染的整个过程中，一定要戴手套，以避免手接触胶而带来的污染。

⑦ 每次用完仪器后要及时清理，清洗玻璃板培养皿等玻璃仪器。

五、实验结果分析

在紫外透射仪的观察下，可明显发现跑出很多条带。若上面和底部几乎没有明显条带出现，条带显示居中下，说明变性胶的浓度范围可以适当缩小。这样可以更好地分离中间较为集中的条带。

用 Quantity One（Bio-Red，USA）软件对 DGGE 图谱进行数字化处理，根据如下公式计算多样性指数：

$$H = \sum_{i=1}^{s} p_i \ln p_i = - \sum_{i=1}^{s} (N_i/N)\ln(N_i/N)$$

式中：s——每个泳道中的条带数量；

p_i——泳道中第 i 条带灰度占该泳道总灰度的比例。

六、实验报告

① 掌握变性梯度凝胶电泳的实验原理，学会对 DEEG 图谱结果进行处理分析。

② 试述变性梯度凝胶电泳的操作过程及注意事项。

七、思考题

① 实验过程中需要注意些什么细节？

② 在做 DGGE 实验时得到的指纹图谱的所有条带都在凝胶的上端，可能是什么因素造成的？如何在实验中避免出现这样的结果？

③ 若 DGGE 图谱很模糊，只有很少的几个条带，结果能用吗？可能是什么原因导致的？

实验 44　转基因食品的分子检测

一、实验目的

① 了解植物 DNA 提取的原理和方法。

② 了解聚合酶链式反应的原理和方法。

③ 了解并掌握实时荧光 PCR 分析的原理和方法。

二、实验原理

利用现代分子生物技术改造遗传物质所获得转基因生物（genetically modified organism）在性状、营养质量质量等方面更加贴近人们的需求，但其安全性也为人们所担忧。转基因食品检测技术可以快速准确地识别和检测食品中是否存在转基因成分，有助于保障食品安全。

目前对转基因食品的检测按原理分为针对外源蛋白质和针对外源 DNA 两种。由于 DNA 检测更为直接、准确，目前研究对于外源基因的检测主要是通过对转入的外源基因进行聚合酶链式反应（PCR）扩增，然后进行紫外或荧光检测。PCR 技术是一种在体外由引物引导的 DNA 聚合酶催化的聚合反应，能在短时间内准确地将目的序列大量复制。通过设计引物和探针，可以对转基因食品重组 DNA 的基本结构（包括启动子、目的基因、终止子和标记基因）进行检测。

近年来定量竞争 PCR 和实时荧光定量 PCR 都已用于转基因食品的定量检测。定量竞争的基本原理是用人工设计的竞争模板以不同稀释度与标本共同扩增，以竞争模板的稀释度和结果做标准曲线，判断标本中待测核酸的量。实时荧光 PCR 技术是指在 PCR 反应体系中加入荧光基团，利用荧光信号积累实时检测整个 PCR 进程，最后通过标准曲线对未知模板进行定量的方法，这种检测方法采用独特全封闭反应，只须在加样时打开一次盖子，减少了污染，具有高度的灵敏性。

大豆既是粮食作物也是重要的油料作物，我国进口的大豆基本上都是转基因大豆。抗草甘膦大豆是进口转基因大豆的主要品种之一，是在传统大豆株 Variety A5403 中转入外源基因 CAMV-35S 启动子、抗草甘膦基因（CP4-EPSPS）和 *NOS* 终止子而得到。本次实验采用 CTAB 法提取大豆基因组 DNA，并对所提 DNA 进行 PCR 扩增，采用荧光定量的方法对转基因成分（CAMV-35S 启动子）进行定性检测。

三、实验材料与器具

1. 实验材料

① 供试材料：大豆种子。

② 标准物质：阳性抗草甘膦转基因大豆标准物质。

③ 药品：液氮，苯酚，氯仿，异丙醇，75%乙醇。

④ 实时荧光 PCR 预混液：采用经验证符合实时荧光 PCR 要求的实时荧光 PCR 预混液。

⑤ 引物和探针：如表 44-1 所示。

表 44-1　CAMV-35S 启动子引物和探针信息表

引物名称	序列（5′-3′）	稀释终浓度/（nmol/L）	目的片段大小/bp
上游引物/（10 μmol/L）	TTCCAACCACGTCTTCAAAGC	400	95
下游引物/（10 μmol/L）	GGAAGGGTCTTGCGAAGGATACCACTG	400	
探针/（10 μmol/L）	ACGTAAGGGATGACGCACAATCC	200	

⑥ 酶溶液：RNA 酶溶液（5 μg/ μL）。

除另有规定外，所有试剂均为分析纯或生化试剂。试验用水符合《分析实验室用水规格和试验方法》（GB/T 6682—2008）中一级水的规格。

2. 实验器具

容量瓶，天平，称量纸，药匙，pH 计，高压灭菌锅，恒温培养箱（或水浴锅），摇床，刀片，研钵，移液枪，移液枪头，离心管，离心管架，涡旋仪，离心机，紫外分光光度计，荧光定量 PCR 仪等。

四、操作步骤

（一）试剂配制

1. Tris-HCl 溶液（pH 8.0）

称取 12.114 g Tris 碱固体溶于 80 mL ddH_2O 中，加 4.2 mL 的质量分数为 37%浓盐酸，调节酸碱度到 pH 值为 8.0 后，用超纯水定容至 100 mL。

2. CTAB 缓冲液

4 g CTAB 固体，16.364 g 氯化钠（NaCl），1.48 g 固体 EDTA · Na · $2H_2O$，20 mL 的 1 M Tris-HCl（pH = 8.0），用 ddH_2O 定容至 200 mL，121℃下灭菌 20 min。使用时每 40 mL CTAB 提取液加 10 μL 巯基乙醇。

3. 500 mmol/L 乙二胺四乙酸二钠溶液（pH 8.0）

18.6 g 乙二胺四乙酸二钠，加至 70 mL 水中，用 NaOH 溶液调 pH 至 8.0，加水定容至 100 mL，在 103.4 kPa（121℃）条件下灭菌 20 min。

4. 1 mol/L 三羟甲基氨基甲烷-盐溶液（pH 8.0）

称取 121.1 g 三甲基氨基甲烷溶解于 800 mL 水中，用盐酸调 pH 至 8.0，加水定容至 1000 mL，在 103.4 kPa（121℃）条件下灭菌 20 min。

5. TE 缓冲液（pH 8.0）

分别量取 10 mL 1 mol/L 三羟甲基氨基甲烷-盐溶液（pH 8.0）和 2 mL 500 mmol/L 乙二胺四乙酸二钠溶液（pH 8.0），加水定容至 1000 mL，在 103.4 kPa（121℃）条件下灭菌 20 min。

6. 酚仿试剂

25 mL 苯酚，24 mL 三氯甲烷，1 mL 异戊醇依次混合后保存在棕色试剂瓶中。

（二）大豆种子 DNA 提取

1. 制样

用 2%漂白液洗净大豆种子，摇床振荡 10 min，随后用水清洗大豆种子 3 次，每次 5 min。用灭过菌的刀片将种子剖成小块，放入灭过菌的研钵中，加入液氮研磨至 0.5 mm 左右，低温保存备用。

2. 提取

分别称取 100 mg 制备好的样品，各加入两支 2 mL 的锥底离心管中，同时设立试剂提取对照。向试管加入 600 μL CTAB 缓冲液，轻轻振荡混匀，置于 65℃的水浴锅或恒温箱中，每隔 10 min 轻轻摇动，30 min 后取出（CTAB 溶液在低于 15℃ 时会形成沉淀析出，因此，在将其加入冰冷的植物材料之前必须预热，且离心时温度不要低于 15℃）。

3. 抽提

加入 500 μL 的酚仿试剂（酚：三氯甲烷：异戊醇=25：24：1），混合均匀后，12000 r/min 离心 15 min。

4. 沉淀 DNA

将上清液转移至干净离心管中，加入等体积的异丙醇 12000 r/min 离心 10 min，弃去上清液，加入 1 mL 70% 乙醇溶液洗涤，12000 r/min 离心 1 min，弃去上清液，将沉淀晾干。

5. 去除 RNA

用 50 μL TE 溶液溶解 DNA 沉淀，加入 5 μL RNA 酶溶液，置于 37℃的水浴槽或恒温箱中 30 min，加入 400 μL 的 CTAB 溶液后震荡均匀，加入 250 μL 的三氯甲烷：异戊醇溶液（体积比，24：1），振荡均匀后，12000 r/min 离心 15 min，将上清液吸取至另一新管中，加入 200 μL 的异戊醇，12000 r/min 离心 10 min 后弃去上清液，将沉淀晾干。

6. 溶解 DNA

用 50 μL TE 溶液溶解 DNA 沉淀，在 37℃下保温半小时，将 DNA 样品放入冰箱长期保存。短期保存可直接用超纯水溶解，放在-20℃下保存。

DNA 提取注意事项：

① 研磨组织块用于 DNA 提取的样品，必须是新鲜的细胞或组织，如采样后不能立即用于提取，则样品应用液氮速冻并于-70℃的冰箱中保存。

② DNA 提取过程中要尽量避免 DNA 酶的污染，全程应配戴一次性手套。皮肤经常带有细菌和霉菌，可能造成污染并成为 DNA 酶的来源。

（三）实时荧光 PCR 分析

1. DNA 模板制备

采用紫外分光光度法测定 DNA 浓度，将 DNA 溶液做适当的稀释制备 DNA 模板，于

260 nm 处测定其吸光度，根据测定的 *OD* 值计算 DNA 浓度（260 nm 处 1 *OD*=50 μg/mL 双链 DNA），*OD* 值应该在 0.2~0.8。于 280 nm 处测定其吸光度，根据测定的 *OD* 值计算 DNA 溶液的 OD_{260}/OD_{280}，比值应在 1.8~2.0。

2. 实时荧光 PCR 反应体系

以阳性抗草甘膦转基因大豆标准物质为阳性对照，以水或 TE 缓冲液为空白对照。PCR 反应体系见表 44-2，可根据情况进行调整。

表 44-2　实时荧光 PCR 反应体系

试剂名称	终浓度	加样体积/ μL
实时荧光 PCR 预混液	1×	12.5
上游引物（10 μmol/L）	0.4 μmol/L	1
下游引物（10 μmol/L）	0.4 μmol/L	1
探针（10 μmol/L）	0.2 μmol/L	0.5
DNA 模板（50 ng/ μL）	4.0 ng/ μL	2
双蒸水	—	补至 25

3. 实时荧光 PCR 扩增反应参数

50℃/2 min；95℃/10 min；95℃/15 s；60℃/60 s，大于或等于 40 个循环（注：95℃/10 min 专门适用于化学变构的热启动 *Taq* 酶。以上参数可根据不同型号实时荧光 PCR 仪和所选 PCR 扩增试剂体系不同做调整）。

4. 实时荧光 PCR 检测

将 PCR 反应管依次摆放至实时荧光 PCR 仪上（上机前注意检查各反应管是否盖紧，以免荧光物质泄漏，污染仪器），启动仪器，进行实时荧光 PCR 反应。

五、实验结果分析

（一）阈值设置

实时荧光 PCR 反应结束后，设置荧光信号阈值，阈值设定原则根据仪器噪声情况进行调整，以阈值线刚好超过正常阴性样品扩增曲线的最高点为准。

（二）质量控制

空白对照：内参基因检测未出现典型扩增曲线，所有外源基因检测未出现典型扩增曲线，或 *Ct* 值≥40。

阴性对照：内参基因检测出现典型扩增曲线，且 *Ct* 值≤30，所有外源基因检测未出现典型扩增曲线，或 *Ct* 值≥40。

阳性对照：内参基因检测出现典型扩增曲线，且 *Ct* 值≤30，所有外源基因检测未出现典型扩增曲线，且 *Ct* 值≤34。

（三）结果判定

测试样品全部平行反应外源基因检测未出现典型扩增曲线，或 *Ct* 值≥40；内源基因检测出现典型扩增曲线，且 *Ct* 值≤30，则可判定该样品不含所检的外源基因。

测试样品全部平行反应外源基因检测出现典型扩增曲线，*Ct* 值≤36，内源基因检测出现典型扩增曲线，*Ct* 值≤30，判定该样品含有对应的外源基因。

测试样品全部平行反应外源基因检测出现典型扩增曲线，但 *Ct* 值在 36~40，内源基因检测 *Ct* 值出现典型扩增曲线，且 *Ct* 值≤30，应在排除污染的情况下重新处理样品上机检测。再次扩增后的内源基因检测出现典型扩增曲线，且 *Ct* 值≤30，外源基因检测出现典型扩增曲线，且 *Ct* 值<40，则可判定为该样品含有所检的外源基因。再次扩增后的内源基因检测出现典型扩增曲线，且 *Ct* 值≤30，外源基因检测未出现典型扩增曲线，或 *Ct* 值≥40，则可判定为该样品不含所检的外源基因。

六、实验报告

① 记录提取大豆种子 DNA 的步骤，并指明要点。

② 试述实时荧光 PCR 分析的操作过程及注意事项。

七、思考题

① DNA 提取的方法有哪些？分别适用于哪些情况下？

② 实时定量 PCR 的原理是什么？

③ 实验中的 35S 启动子是什么？为什么可以利用 35S 启动子检测转基因植物？

④ 引物和探针是如何设计得出的？

专题六　食用菌

食用菌专题实验

实验 45　食用菌菌种的分离和制种技术

思政案例 4

一、实验目的

① 掌握常见食用菌分类地位、营养体和子实体的形态特征等。

② 学习母种分离的方法——组织分离法。

③ 巩固无菌操作的技能。

二、实验原理

食用菌是一类可供食用的真菌的总称。在分类地位上大多属担子菌纲如蘑菇、香菇、平菇、金针菇等；少数属子囊菌纲如冬虫夏草、羊肚菌等。其营养体为分枝状菌丝体，能形成大型子实体。

组织分离法是指采用菇体组织分离纯种方法。该方法属无性繁殖，具有操作简便、取材广泛、不易变异，能保持原菌种优良种性等优点。因此组织分离法是母种培育过程中最常采用的方法之一。

三、实验材料与器具

1. 实验材料

马铃薯，蔗糖琼脂，平菇（蘑菇、香菇）。

2. 实验器具

剪刀，镊子，酒精灯，接种针，乙醇，脱脂棉，称量纸，药匙，线绳，标签纸，电炉，天平，高压灭菌锅，超净工作台，培养箱等。

四、实验方法

（一）常见培养基配方

① 马铃薯培养基（PDA 培养基，培养霉菌或酵母用）。

土豆	20%
蔗糖（葡萄糖）	2%
琼脂	2%
蒸馏水	1000 mL
pH	自然

② 制备平板和斜面。

按照实验要求，每人分别制作5支合格的PDA平板和试管斜面培养基。

（二）形态观察

1. 观察常见食用菌子实体形态

观察几种常见食用菌子实体形态（图45-1），并通过录像和讲解了解一些食用菌分类地位、营养体、子实体的形态特征。

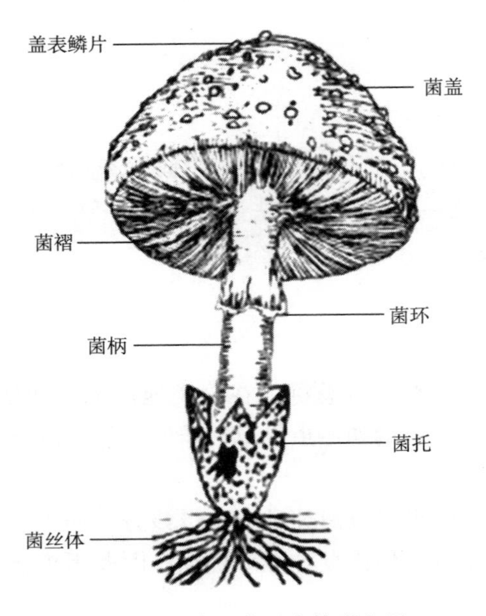

图45-1　食用菌子实体形态图

2. 观察食用菌菌丝形态

将培养皿背部用直尺和记号笔画十字，再配置PDA固体培养基约20 mL倒入培养皿中，待PDA培养基凝固后，用打孔器取平菇菌丝转接在PDA平板十字划线中心，分别在每条划线距离中心3 cm处倾斜45°角插入灭菌的载玻片，待菌丝生长爬上3 cm处载玻片后，取出载玻片在显微镜下放大40倍和100倍进行观测，注意细胞核个数、细胞间有无横隔、次生菌丝的锁状联合结构。

（三）组织分离

组织分离步骤为：选择种菇→表面消毒→取菌柄菌盖交界处小块菌肉→移入PDA平板培养基上→培养→观察及纯化→PDA试管斜面保种（图45-2）。具体操作如下：

① 选择头潮菇，菌肉肥厚，形正，未散孢，八分成熟的种菇。

② 用无菌水冲洗表面3次，无菌滤纸吸干。70%乙醇擦拭菌体表面3次。

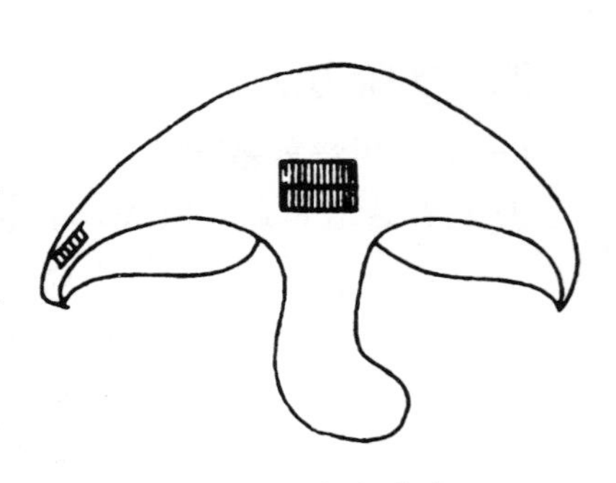

图45-2　组织分离

③ 用 75%乙醇棉球擦拭双手及接种工具。点燃酒精灯，将尖头镊子灼烧灭菌；随后将种菇纵向撕成两半，于菌柄、菌肉交界处切取 0.5 cm 大小的组织块，迅速抖落到试管或平板中，烧灼管口及棉塞，塞上棉塞。这些操作都是在酒精灯火焰无菌区域进行的。

④ 放置 27℃培养，一般 3～5 d，可见新生菌丝产生，注意观察并记录菌丝形态、颜色和菌体大小（图 45-3）。当形成 3～5cm 大小菌落时，从菌落边缘新生菌丝处切块转移至新培养板，经过 2～3 次纯化，得到纯的食用菌菌种。

图 45-3　食用菌菌丝形成

⑤ 保种。纯化菌种在无菌条件下移入 PDA 试管斜面培养，待长满斜面时，置 4℃保存，每三个月移植一次。

五、实验结果分析

食用菌组织分离时，若在平板上有大量细菌生长，可以提前在培养基中加入氨苄青霉类抗生素抑菌；若在平板上有大量真菌污染，需要检查食用菌来源，严格表面消毒过程和熟练无菌操作；无菌食用菌组织分离后，菌肉周围新生食用菌菌丝，在生长至 2～3cm 大小时，立即用接种针选择其中生长势旺盛部分，截取小块，尽量少带培养基，移入 PDA 斜面培养。

六、实验报告

① 描写所观察食用菌子实体的形态特征。

② 写出组织分离方法和步骤，注意事项，结果分析等。

七、思考题

① 为什么食用菌常用组织分离法制备菌种？

② 组织分离中，选取菌柄菌盖交界处小块菌肉的原因是什么？

实验46　食用菌母种的扩大培养

一、实验目的

① 学习并掌握菌种的纯化、扩大培养。

② 了解食用菌母种制作的工艺流程和制作母种的基本技能。

③ 掌握菌种质量检查技术。

二、实验原理

用孢子、组织或基质分离法得到的菌种，一般不宜直接用于生产，必须经过提纯方可应用。食用菌母种是指从大自然首次分离得到的纯菌丝体，多通过孢子分离法、组织分离法和菇木菌丝分离法获得纯菌丝体。因其在试管里培养而成，并且是菌种生产的第一步骤，因此又被称为试管种或一级种。

纯菌丝体在试管斜面上再次扩大繁殖后，则形成再生母种。它既可以繁殖原种，又适于菌种保藏。提纯的母种或从有关单位引进的母种，数量均很少，应扩大繁殖后再用。母种的扩大培养是从一支母种转接、培养、扩繁成若干支母种的过程，整个过程期间，须在无菌环境条件下，进行母种菌的转接、培养与扩繁。

对分离、引进或转管扩大的菌种，须经过质量鉴定，选优去劣，方可使用。

三、实验材料与器具

（一）实验菌种和材料

1. 实验菌种

平菇，杏鲍菇，金针菇，香菇等。

2. 实验材料

马铃薯，葡萄糖，琼脂，酵母膏，75%乙醇，脱脂棉等。

（二）实验器具

天平，电炉，熬制锅，刀砧，小刀，玻璃棒，纱布，漏斗架，漏斗（套接橡胶管），止水夹，试管（18 mm×180 mm），棉花，橡皮筋，牛皮纸（报纸），棉线，铁筐，高压灭菌锅，超净工作台，乙醇棉瓶，长柄镊子，接种具（钩、锄等），酒精灯，火柴，垫架，标签，笔等。

四、实验方法

（一）母种培养基配制

1. 培养基配方

常用PDA培养基：马铃薯（去皮去芽）200 g、葡萄糖20 g、琼脂20 g、水1000 mL、酵母膏 2. 5 g。

2. 培养基配制

将马铃薯去皮洗净、挖去芽眼，称取 200 g，用刀砧切碎，放入熬制锅（内壁有容积刻度）中，加入清水，电炉加热煮沸后调小火力，维持约 20 min，煮至软而不烂为止。用双层湿纱布过滤，得到过滤薯液，再向过滤液中加入琼脂 20 g 继续加热，待琼脂溶化后，添加葡萄糖 20 g 及酵母膏 2. 5 g，补足水分至 1000 mL，搅拌均匀煮沸溶化后准备装管。

3. 分装试管

培养基配制后应趁热分装。装入培养基占试管的 1/4～2/5 处，装管时控制好止水夹头，对培养基流向、流速、流量进行控制，勿使管内和外壁沾上培养液，以免浸湿棉塞，易受杂菌污染。装管后塞上预先做好的棉塞。棉塞大小、松紧度应适宜，以用手提棉塞而试管不脱落为准。然后用橡皮筋将每 7～10 支试管扎成一捆，捆头在棉塞上方用报纸包好，纸外系紧棉线，避免灭菌时被灭菌锅腔内水蒸气浸湿。

4. 灭菌（卧式高压蒸汽灭菌锅）

灭菌前将水加至规定水位标记区段。将盛放试管的铁筐放入锅内，关上灭菌室门，选择灭菌条件（0. 14 MPa，121℃），启动仪器开始工作，灭菌锅内蒸汽不断升温升压，当灭菌室气温、气压均达到所需灭菌条件时，开始计时，维持 30 min。灭菌结束后，打开排气阀排气，待压力表指针自然回至“0”位时，排出锅内剩余蒸汽后，打开灭菌室门。注意切忌在压力表未回到“0”位时就排汽，以免试管内的培养基向上冲，浸湿棉塞，造成以后菌种的污染。

5. 摆斜面

将从灭菌锅中取出的试管，趁热倾斜躺放于特制的木条上，使管内液态培养基随着试管的斜躺而向管口端流淌，形成培养基的斜面，其长度占试管长度的 1/2～3/5 为宜，自然冷却后即成斜面培养基，制得接种所需的待接管。

（二）接种

1. 紫外线杀菌

接种前，把待接管、接种工具、乙醇棉瓶、镊子、酒精灯、火柴、标签纸等所要用到的所有用具、物件均放入超净工作台工作仓内，打开紫外灯照射 30 min 以上。

2. 接种操作

准备接种时，关闭紫外灯，放入母种管。用 75%乙醇对双手、镊子、接种工具、母种管、待接管、工作台面等进行仔细擦拭、全面消毒。点燃酒精灯，用其火焰灼烧接种工具，进一步灭菌后，左手持管，母种管居上，待接管居下，呈水平状，培养基斜面自然向下，待接种工具灼烧冷却后，悬空伸入母种管，先去除管口端培养基菌块（可能老化）约 1 cm，随即依次向管尾端切取一小块母种菌块（带培养基），迅速将切取到的小菌块转入待接管斜面培养基的中间位置，立即过火塞好棉塞，整个转接过程必须在酒精灯火焰 8～10 cm 空间范围内进行操作，严防感染杂菌，接种完成后贴好标签（菌种、接种人、接种时间）。

（三）菌丝培养

接种后将转接管置于 25℃恒温箱中培养，2～3 d 后可见接种的小菌块周围发生白色绒毛状菌丝，此时每天要检查杂菌污染情况，及时去除受杂菌感染的试管，培养 10～15 d 后，菌丝可长满斜面。

（四）质量检验

包括外观鉴定，显微镜检验，菌丝生长速度，出菇试验等。

五、实验结果分析

移接母种的质量是母种扩大培养的重要指标。良好的食用菌母种菌丝从外表上观察，优质菌种总体表现为：菌种纯度高；菌丝洁白浓密，生长速度快；培养没有异常颜色和气味。

六、实验报告

写出提纯、扩大繁殖和质量检验的原理、方法和步骤，注意事项，结果分析等。

七、思考题

① 怎样检查母种菌丝是否有污染现象？

② 母种投入生产之前，应该注意些什么？

实验 47　食用菌液体菌种的制备技术

一、实验目的

① 掌握液体菌种概念和优势。

② 学习食用菌液体菌种制备流程。

③ 掌握摇瓶发酵和发酵罐发酵制备菌种的方法。

二、实验原理

食用菌液体菌种生产是指利用发酵罐进行深层发酵培养的方式生产食用菌菌球，再将液体菌球接种至菌包进行发菌管理的生产过程。相比于固体菌种，液体菌种具有制备快、生产空间要求少、成本低和易于养殖接种等理想特性。

摇瓶发酵是利用机械振荡，使培养液振动而达到通气的目的，是将斜面试管菌种接种到培养液中，置摇床上振荡培养。工艺流程为：制备培养基→分装→灭菌→冷却→接种→摇床培养→一级液体菌种→二级液体菌种。经高效摇瓶培养的菌丝体一般呈球状、絮状等多种形态，培养液呈黏稠状或清液状，有或无清香味及其他异味。菌液中因有菌体发酵产生的次生代谢产物，可呈不同的颜色。

食用菌液体菌种生物量、菌球直径和密度是液体菌种质量的重要指标。其中营养成分及来源、温度、pH、转速等都会对菌种的质量产生影响。不同食用菌类型制备液体菌种所需条件差异较大，但其生产流程基本相似，本实验以常见食用菌品种平菇（*Pleurotus ostreatus*）为例，介绍其液体菌种的制备技术。

三、实验材料与器具

1. 实验菌种

平菇（*Pleurotus ostreatus*）。

2. 实验材料

马铃薯，蔗糖琼脂，平菇（蘑菇、香菇）。

3. 实验器具

剪刀，镊子，酒精灯，接种针，乙醇，脱脂棉，称量纸，药匙，线绳，标签纸，电炉，天平，高压灭菌锅，超净工作台，培养箱等。

四、实验方法

（一）制备培养基

① 制备 PDA 琼脂斜面，用于食用菌菌种纯化和活化。

② 液体培养基（g/L）：葡萄糖 35，蛋白胨 5，酵母提取物 4，KH_2PO_4 1，$MgSO_4$ 0.5。

(二)接种

1. 菌种活化

平菇接种于马铃薯葡萄糖琼脂(PDA)斜面上,25℃培养 7 d,4℃保存,定期继代培养 4 周。

2. 一级液体菌种制备(摇瓶培养发酵)

从斜面培养基取 0.5 cm^2 大小菌块接种于含液体培养基的 250 mL 三角瓶中。摇瓶在 28℃,150 r/min 的摇床中孵育 5 d。将最终培养物(含干生物量约 6.3 g/L)在无菌搅拌器中以 10000 r/min 匀浆 20 s,作为后续研究的接种物。

3. 二级液体菌种制备(发酵罐发酵)

将摇瓶液体菌种以 0.5 g/100 mL 湿重的比例接种到 3 L 和 50 L 发酵罐中。接种发酵罐在 100 r/min、26℃、5 d 搅拌,通气量 1 vvm(每分钟通气量与发酵罐实际装液量的比值)。3 L 和 50 L 发酵罐的装液量分别为 2 L 和 35 L。

4. 生物量的测定

① 菌丝体湿重计算及操作方法。将发酵液菌种在匀浆机中低速匀浆 10 s,间隔 3 s,重复 3 次。将不同体积均质后的菌液以 12000×g 离心 15 min,弃上清液。计算菌丝湿重与液体菌种体积之间的线性关系。当线性系数 $R \geqslant 0.999$ 时,表明菌丝体湿重与其体积呈良好的线性关系。因此,可以用液体菌种的体积来衡量相应体积内菌丝体的湿重。

② 菌丝体干重测量和计算。收集每瓶中的培养液,并在 8000×g 下离心 10 min。得到的菌丝球用蒸馏水洗涤 3 次,收获,在 60℃下干燥至恒重。对于吸附生物量的测定,通过在纱布上过滤收集菌丝吸附块,并轻轻洗涤以避免吸附菌丝的脱落,然后在 60℃下干燥至恒重。吸附生物量由支架原始干重与实测重量的差值得到。

5. 液体菌种代谢活性的测定

四唑盐 3-(4,5-二甲基噻唑)-2,5-二苯基四氮唑溴盐(MTT),常用于真菌染色和活性测定。在无菌纱布上收获菌丝块,用蒸馏水冲洗。洗涤后的菌丝块用含 0.5 mg/mL MTT 的 0.9%无菌生理盐水在玻璃管中染色,温度为 30℃,轻轻晃动 2 h。然后,使用 95%乙醇在 30℃下提取菌丝内 MTT 的还原产物 2 h,并在 8000×g 下离心 10 min。所得上清液以 95%乙醇为空白,在 570 nm 处测定吸光度。

6. 发酵液中还原糖的测定

对于还原糖浓度测定,取 20 μL 上清液用蒸馏水稀释至 2 mL,加入 1.5 mL 3,5-二硝基水杨酸试剂。样品稀释至 25 mL,用分光光度计在 520 nm 下测定。

五、实验结果分析

液体菌种制备过程中严防染菌。首先菌种要纯化,不能带杂菌发酵。液体发酵过程中注意观察菌体大小、形态和数量等的变化;同时,注意发酵过程中 pH、温度、氧含量等的变化。

液体菌种要满足培养液不浑浊,菌丝球较小且大小均匀,密度适中,不迅速分层,经镜检等方法检验质量合格。

六、实验报告

① 计算出菌丝体的湿重和干重。

② 测定液体菌种代谢活力和发酵液中的还原糖含量。

七、思考题

① 制作液体菌种前应注意哪些问题?

② 从哪几个方面检测液体菌种的好坏?如何检测?

③ 液体菌种有哪些优缺点?它对食用菌栽培技术的应用及发展有何影响?

实验 48　平菇的代料栽培

一、实验目的

① 掌握平菇熟料栽培技术。

② 掌握栽培种制作方法。

③ 掌握食用菌出菇管理方法。

二、实验原理

人工培育的食用菌菌种有母种、原种和栽培种之分。母种（一级菌种）是指用孢子分离或组织分离等培育的菌丝体；原种（二级菌种）是指把母种扩大到木屑、棉籽壳等为主的培养料上的菌种；栽培种（三级菌种）是由原种扩大培养成的生产上使用的菌种。

微生物在自然界中分布很广，原料、用水、设备、空气等都存在着大量微生物，这些杂菌对食用菌制种和栽培会造成很大危害，必须消灭或抑制有害微生物活动。将培养料经灭菌再进行栽培的方法称为熟料栽培。平菇（金针菇、香菇、黑木耳）等食用菌栽培方法很多，通常以熟料袋栽产量较高且稳定。

三、实验材料与器具

1. 实验菌种和材料

实验菌种：平菇，杏鲍菇，金针菇，香菇等。

实验材料：塑料盆，水桶，烧杯，菌种瓶（或菌种袋），天平，接种针，高压灭菌锅，棉籽壳，玉米粉，黄豆粉，麸皮，石膏，石灰，白糖，菌种等。

2. 实验器具

天平，电炉，熬制锅，刀砧，小刀，玻璃棒，纱布，漏斗架，漏斗（套接橡胶管），止水夹，试管（18 mm×180 mm），棉花，橡皮筋，牛皮纸（报纸），棉线，铁筐，高压灭菌锅，超净工作台，乙醇棉瓶，长柄镊子，接种具（钩、锄等），酒精灯，火柴，垫架，标签，笔等。

四、实验方法

按原料配方称取混合→拌料→调节含水量和 pH→装料→灭菌→接种→菌丝体培养（25~27℃）→出菇管理→采收。

（一）培养基配方

棉籽壳 78%，麦麸 20%，石膏粉 1%，白糖 1%，含水量 60%~65%。

（二）实验步骤

配料→装袋→灭菌→冷却→接种→发菌管理→出菇管理

1. 配料

棉籽壳和麦麸提前 30 min 浸泡预湿。按照培养料配方将原料加水混合搅拌均匀，将含水量控制在 60%~65%，pH 6.8~7.0。

2. 装袋

选用聚丙烯塑料袋（高压灭菌）或高密度低压聚乙烯袋（常压灭菌），聚丙烯袋规格为 17 cm×35 cm×0.005 cm，聚乙烯袋规格为 17 cm×35 cm×0.004 cm。培养料拌匀后开始装袋，要求松紧适度，每袋料湿重为 1.0~1.1 kg，宜采用套环封口。

3. 灭菌

采用常压灭菌或高压灭菌。常压灭菌应保持 100℃（16~18 h），高压灭菌温度 121℃持续 4 h，灭菌完毕后，应自然或强制降温。

4. 冷却接种

待料温降至 28℃以下，在无菌条件下接种。

5. 发菌管理

防止杂菌污染，播种后 10 d 之内，室温要控制在 15℃以下。播后两天，菌种开始萌发并逐渐向四周生长，此时每天都要多次检查培养料内的温度变化，注意将料温控制在 30℃以下。若料温过高，应掀开棚膜，通风降温，料温稳定后，不必掀动棚膜。10 d 后菌丝长满料面，并向料层内生长，此时可将室温提高到 20~25℃。发现杂菌污染，可将石灰粉撒在杂菌生长处，或用 0.3%多菌灵揩擦。此期间将空气相对湿度保持在 65%左右。在正常情况下，播种后，20~30 d 菌丝就长满整个培养料。

6. 出菇管理

菌丝长满培养料后，每天在气温最低时打开菇房门窗和棚膜 1 h，然后盖好，这样可加大菌包料面温差，促使子实体形成。还要根据湿度进行喷水，使室内空气相对湿度调至 80%以上。达到生理成熟的菌丝体，遇到适宜的温度、湿度、空气和光线，就扭结成很多灰白色小米粒状的菌蕾堆。这时可向空间喷雾，将室内空气相对湿度保持在 85%左右，切勿向料面上喷水，以免影响菌蕾发育，造成幼菇死亡。同时要支起大棚塑料膜，这样既通风又保湿，室内温度可保持在 15~18℃。菌蕾堆形成后生长迅速，2~3 d 菌柄延伸，顶端有灰黑色或褐色扁圆形的原始菌盖形成时，可向料面喷少量水，保持室内空气相对湿度在 90%左右。温度保持在 15℃左右。

注意事项：

① 装料高度占整个塑料袋袋长度 3/4；

② 切记装料过程中不断压紧压实培养料，菌丝在料间隙中生长，料松弛菌丝难以生长，同时易干燥；

③ 遵守电热蒸汽灭菌锅操作规程，杜绝事故发生；

④ 遵守无菌操作原则，熟练掌握接种技术。

五、实验结果处理

将接种后的菌袋搬到接种室，标记菌种名称、接种日期和接种人员代码（班级、学号），调温（22±2）℃，避光培养。

六、思考题

① 食用菌拌料和装袋过程中需要注意哪些问题？

② 固体培养基高压蒸汽灭菌的条件及注意事项？

③ 如何降低菌袋的污染率？

④ 发菌阶段管理需要注意哪些问题？

⑤ 食用菌出菇管理各自的技术要点是什么？

实验49 黑皮鸡枞菌的人工栽培

一、实验目的

① 掌握黑皮鸡枞菌熟料栽培技术。

② 了解覆土出菇的原理和方法。

二、实验原理

黑皮鸡枞菌（*Oudemansiella raphanipes*），又名长根菇，属担子菌门，伞菌纲，伞菌目，膨瑚菌科，小奥德蘑属。黑皮鸡枞菌生产的主料是以满足食用菌生长发育所需要的碳源为主要目的的原料，多为木质纤维素类的农林副产品，如杂木屑、棉籽壳、玉米芯等。辅料是以满足食用菌生长发育所需要的有机氮源为主要目的的原料，多为较主料含氮量高的麦麸、豆粕、玉米粉等。

三、实验材料与器具

1. 实验菌种和材料

实验菌种：黑皮鸡枞菌。

实验材料：塑料盆，水桶，烧杯，菌种瓶（或菌种袋），天平，接种针，高压灭菌锅，棉籽壳，玉米粉，黄豆粉，麸皮，石膏，石灰，白糖，菌种等。

2. 实验器具

天平，电炉，熬制锅，刀砧，小刀，玻璃棒，纱布，漏斗架，漏斗（套接橡胶管），止水夹，试管（18 mm×180 mm），棉花，橡皮筋，牛皮纸（报纸），棉线，铁筐，高压灭菌锅，超净工作台，乙醇棉瓶，长柄镊子，接种具（钩、锄等），酒精灯，火柴，垫架，标签，笔等。

四、实验方法

1. 原料选择与配方

原料选择以棉籽壳、杂木屑、玉米芯等为主料，麦麸、玉米粉、豆粕等为辅料。推荐配方：棉籽壳35%、玉米芯18%、杂木屑18%、麦麸20%、玉米粉5%、豆粕3%、石灰1%。

2. 栽培袋的制备

杂木屑、玉米芯提前1~2 d浸泡预湿。按照培养料配方将原料加水混合搅拌均匀，将含水量控制在60%~65%，pH 6.2~7.0。

3. 装袋

选用聚丙烯塑料袋（高压灭菌）或高密度低压聚乙烯袋（常压灭菌），聚丙烯袋规格为17 cm×35 cm×0.005 cm，聚乙烯袋规格为17 cm×35 cm×0.004 cm。培养料拌匀后开始装袋，要求松紧适度，每袋料湿重为 1.0~1.1 kg，宜采用套环封口。

4. 灭菌

采用常压灭菌或高压灭菌。常压灭菌应保持 100℃（16~18 h），高压灭菌温度 121℃持续 4 h，灭菌完毕后，应自然或强制降温。

5. 菌种选择

选择优质、高产、抗性强、商品性好的品种。

6. 接种

待料温降至 28℃以下，在无菌条件下接种。

7. 菌丝培养

将菌袋移入养菌室层架培养，温度在 22~25℃，空气湿度在 60%~70%，二氧化碳浓度不高于 0.1%（体积分数），暗光。

8. 出菇期管理

① 场地整理：清除出菇场地的杂草、石块，平整土地，使用生石灰、高效低毒化学药剂进行杀菌、杀虫。

② 成畦：田地整理成畦宽 1.1~1.2 m、畦深 15~20 cm 的畦床，两畦间隔50~55 cm 的走道。

③ 脱袋：菌袋培养基表面出现黑褐色菌皮，去除塑料袋，直立排放在畦床上，菌棒间留 2 cm 的缝隙，然后进行覆土。

④ 覆土：选择泥炭土、草炭土或有机质含量丰富的壤土，使用前先进行消毒处理、调节土壤含水量 18%~20%，将菌棒间的缝隙填满，覆土厚度 3~4 cm。土壤质量应符合《土壤环境质量　农用地土壤污染风险管控标准（试行）》（GB 15618—2018）的规定。

⑤ 出菇管理：覆土后保持土层湿润，白天覆盖塑料膜，保温保湿，晚间揭膜通风换气、降温降湿，利用昼夜温差进行催蕾。当覆土表面有少量白色菌丝出现时，增加料面湿度，并加大通风量，温度保持在 24~28℃，空气湿度维持在 85%~90%，菇房（棚）光照控制在 200~400 lx，二氧化碳浓度维持在 0.1%~0.15%（体积分数）。

⑥ 采收：在子实体菌盖略平展，尚未开伞时，孢子散发之前采收，采收前 2 d 停止喷水，保持菇体组织的韧性。采收时用手指夹住菌柄基部轻轻向上拔起，采收要轻拿轻放，减少机械损伤。采菇后及时清理畦床，将留下的凹陷处用湿土补平。

⑦ 包装与运输：采收后及时用小刀将菌柄基部的假根、泥土和杂质削除，装入泡沫箱。及时打冷，打冷温度保持在 0℃（24 h），低温条件下运输。

五、实验结果处理

黑皮鸡枞菌袋培养结束，需等菌包表皮转黑色方可转入出菇。

六、思考题

① 黑皮鸡枞菌与鸡枞菌是同一种菌吗？

② 黑皮鸡枞菌出菇覆土的作用是什么？

第三篇

研究性实验

实验 50　产淀粉酶菌株的筛选及其酶活力测定

一、实验目的

① 了解筛选产淀粉酶菌株和淀粉酶酶活力测定实验原理。

② 掌握产淀粉酶菌株的筛选及其酶活力测定方法。

二、实验原理

淀粉酶是水解淀粉和糖原酶类的总称，广泛用于酿酒、食品、医药、纺织、饲料等行业。淀粉酶的来源途径有很多，从动物、植物、微生物中均可获得，工业生产中微生物是产淀粉酶的重要来源，其淀粉酶非常高效，应用十分广泛，酶法几乎已经取代了其他水解淀粉的方法。本实验应用碘染色法筛选产淀粉酶菌株，利用分光光度法测定菌株的淀粉酶活力。碘液与淀粉反应会显现为蓝色，在淀粉固体培养基上，产淀粉酶菌株会将菌落周围的淀粉分解利用掉，滴加碘液染色时，会出现透明圈。α-淀粉酶催化淀粉产生糊精、麦芽糖和葡萄糖，麦芽糖在一定条件下和 3,5-二硝基水杨酸反应生成黄绿色化合物，因此可以用产生的麦芽糖量来表示酶活力。

三、实验材料与器具

1. 实验材料

牛肉膏，蛋白胨，可溶性淀粉，琼脂，NaCl 等。

2. 实验器具

试管，三角瓶，量筒，移液管，烧杯或搪瓷缸，玻璃棒，pH 试纸，天平，称量纸，药匙，高压灭菌锅，培养箱，超净工作台等。

四、实验方法

（一）培养基配方

淀粉培养基（培养细菌用）。

牛肉膏	5 g
蛋白胨	10 g
NaCl	5 g
可溶性淀粉	20 g
琼脂	18 g
蒸馏水	补充溶液体积至 1000 mL
pH	7.2~7.4

（二）实验试剂配制方法

1. 标准麦芽糖溶液（1 mg/mL）

精确称取 100 mg 麦芽糖，用蒸馏水溶解并定容至 100 mL。

2. 3,5-二硝基水杨酸试剂

精确称取 1 g 3,5-二硝基水杨酸，溶于 20 mL 2 mol/L NaOH 溶液中，加入 50 mL 蒸馏水，再加入 30 g 酒石酸钾钠，待溶解后用蒸馏水定容至 100 mL。盖紧瓶塞，勿使 CO_2 进入。若溶液浑浊可过滤后使用。

3. 0.1 mol/L pH 5.6 的柠檬酸缓冲液

A 液（0.1 mol/L 柠檬酸）：称取 $C_6H_8O_7 \cdot H_2O$ 21.01 g，用蒸馏水溶解并定容至 1 L；B 液（0.1 mol/L 柠檬酸钠）：称取 $Na_3C_6H_5O_7 \cdot 2H_2O$ 29.41 g，用蒸馏水溶解并定容至 1 L。取 A 液 55 mL 与 B 液 145 mL 混匀，即为 0.1 mol/L pH 5.6 的柠檬酸缓冲液。

4. 1%淀粉溶液

称取 1 g 淀粉溶于 100 mL 0.1 mol/L pH 5.6 的柠檬酸缓冲液中。

（三）实验操作方法

1. 淀粉产生菌的筛选

① 配制淀粉培养基，倒平板备用；

② 待测样品用无菌水稀释成菌悬液；

③ 将制好的菌悬液于超净工作台上涂布淀粉培养基上，于 37℃ 培养箱中培养 2 d；

④ 将碘液滴在平板上，观察透明圈的大小。

2. 淀粉酶活力测定

① 取 4 支试管，按表 50-1 加入试剂。

表 50-1　酶活力测定方法

步骤管号	空白管	样品管	标准空白管	标准管
1. 加底物溶液/mL	0.50	0.50	—	—
2. 加蒸馏水/mL	0.50	—	1.00	—
3. 迅速加入待测酶液（mL），立即计时，25℃保温 3 min	—	0.50	—	—
4. 立即加入 3,5-二硝基水杨酸试剂/mL	1.00	1.00	1.00	1.00
5. 加入麦芽糖标准溶液	—	—	—	1.00
6. 100℃水浴沸腾 5 min 后冷却	—	—	—	—
7. 加蒸馏水/mL	10.00	10.00	10.00	10.00
A_{540nm}	A 空	A 样	A 标空	A 标

② 计算。

$$酶活力(U/mL)=\frac{(A_{样}-A_{空})\times 标准管中麦芽糖的\ \mu mol\ 数}{(A_{标}-A_{标空})\times 样品管中酶\ mL\ 数}$$

五、实验结果分析

淀粉培养基固体平板经碘染色后变为蓝色，产淀粉酶菌株生长会利用培养基中的淀粉，形成透明圈，通过测量透明圈的大小来初步判断菌株是否能够产生淀粉酶及酶活力的大小。

六、实验报告

记录产淀粉酶菌株产生的水解圈大小并计算其酶活力。

七、思考题

① 水解圈法筛选产淀粉酶菌株实验的关键步骤是什么?

② 酶活力测定实验中 100℃水浴沸腾 5 min 的目的是什么?

实验 51 纤维素分解菌的筛选及其酶活力测定

一、实验目的

① 了解纤维素分解菌株的筛选和纤维素酶酶活力测定的实验原理。

② 掌握纤维素分解菌株的筛选及其酶活力测定的方法。

二、实验原理

纤维素是植物细胞壁的主要成分，是地球上最大的可再生有机资源，中国作为农业生产大国，每年约有 10 亿 t 纤维素废弃物产生，目前纤维素废弃物的利用率还很低，除一小部分用于纺织、造纸、燃料外，大部分作为废弃物被丢弃，既浪费了宝贵的可再生资源，又造成了严重的环境问题。自然界中的纤维素废弃物主要通过纤维素分解菌进行降解，目前发现具有分解纤维素能力的微生物已有近 200 种，主要包括纤维黏菌（*Cyophaga*）和纤维杆菌（*Cellulomonas*）等细菌；纤维放线菌（*Acidoherums celluloliicus*）、诺卡氏菌属（*Ncardia*）和链霉菌属（*Srpomyces*）等放线菌；木霉属（*Richoderma*）、曲霉属（*Aspergillus*）、青霉属（*Penicillium*）等真菌。

纤维素分解菌可以产生纤维素酶使周围环境中的纤维素降解为葡萄糖作为生长发育所需的碳源，根据纤维素分解菌这一营养生长特性，可以从环境中筛选产生纤维素酶的菌株。

三、实验材料与器具

1. 实验材料

羧甲基纤维素钠（CMC-Na），KH_2PO_4，$MgSO_4$，NaCl，3,5-二硝基水杨酸，酒石酸钾钠，琼脂粉等。

2. 实验器具

试管，量筒，移液管，烧杯，pH 试纸，天平，称量纸，药匙，高压灭菌锅，培养箱，超净工作台等。

四、实验方法

（一）培养基配方

1. 羧甲基纤维素培养基

CMC-Na	15.0 g
NH_4NO_3	1.0 g
$MgSO_4 \cdot 7H_2O$	0.5 g

KH_2PO_4	1.0 g
NaCl	1.0 g
蒸馏水	补充溶液体积至 1000 mL

2. 羧甲基纤维素刚果红固体培养基

在羧甲基纤维素培养基中添加 0.20 g/L 刚果红，18 g/L 琼脂粉。

（二）实验试剂配置方法

1. 标准麦芽糖溶液（1 mg/mL）

精确称取 100 mg 麦芽糖，用蒸馏水溶解并定容至 100 mL。

2. 3,5-二硝基水杨酸显色液（DNS）

精确称取 63 g 3,5-二硝基水杨酸，溶于 262 mL 2 mol/L NaOH 溶液中，再加入酒石酸钾钠的热溶液（182.0 g 酒石酸钾钠溶于 500 mL 水中），再加 5.0 g 苯酚和 5.0 g 亚硫酸钠，搅拌至溶解，冷却后定容至 1000 mL，贮于棕色瓶中置冰箱中备用。

3. 0.1 mol/L 柠檬酸盐缓冲液（pH 5.0）

0.1 mol/L 柠檬酸溶液 82 mL，0.1 mol/L 柠檬酸钠溶液 118 mL。

（三）实验操作方法

1. 纤维素分解菌的筛选：

① 称取土样 2 g，迅速倒入带有玻璃珠的 18 mL 无菌水中，振荡 5~10 min，此为 10^{-1} 土壤菌悬液，用无菌移液管吸取菌悬液 1 mL~9 mL 无菌水中即为 10^{-2} 稀释液，依次制成 10^{-6}~10^{-3} 稀释液。

② 吸取稀释倍数分别为 10^{-4}、10^{-5}、10^{-6} 的稀释液 0.2 mL 涂布到羧甲基纤维素刚果红固体培养基上，28℃ 培养 4~6 d，选择有透明水解圈的单菌落再转接到新的培养基上划线分离获得纯培养。

③ 将纯化后的菌株点接种到羧甲基纤维素刚果红固体培养基上，28℃ 培养 4 d，根据水解圈直径 H（mm）与菌落直径 C（mm）比值大小进行筛选。

2. 纤维素酶活力测定

① 粗酶液的制备：将筛选菌种接种到 50 mL 羧甲基纤维素培养基中 28℃，200 r/min 振荡培养 3 d，培养液 4000 r/min 离心 10 min，上清液即为粗酶液，用于纤维素酶活力的测定。

② 分别吸取 0.1% 标准葡萄糖溶液（2.0、4.0、6.0、8.0、10.0）mL 分别定容至 50 mL。再分别吸取上述溶液各 2.5 mL 于试管中，各加 2.5 mL 3,5-二硝基水杨酸，煮沸 5 min（另作 1 管对照，取 2.5 mL 双蒸水，加 2.5 mL 3,5-二硝基水杨酸，同样煮沸 5 min）。冷却后，在 530 nm 波长下比色，记录各管的光密度值，以光密度为纵坐标，对应标准葡萄糖溶液含糖的毫克数为横坐标，绘制标准曲线。其中，0.1% 标准葡萄糖溶液配制为：准确称取经 105℃ 烘至恒重的无水葡萄糖 250.0 mg，溶于双蒸水中，定容至 250 mL。

③ 以葡萄糖作标准，用 DNS 法测定经酶处理后的 CMC-Na 释放的葡萄糖含量的方法来测定纤维素酶活力。反应混合物包括 2 mL 用 0.1 mol/L 柠檬酸缓冲液（pH 5.0）配制的 10 g/L 的 CMC-Na 和 0.5 mL 经 0.1 mol/L 柠檬酸盐缓冲液（pH 5.0）配制的适当稀释

的酶液，充分混合。每种适当稀释的对照酶液预先经 10 min 沸水浴处理。对照和测试样品经 50℃水浴孵育 30 min 后取出。对照液加 2.5 mL 3,5-二硝基水杨酸终止酶和底物反应。混合物充分混匀后，一起放入沸水浴中煮 5 min，冷却至室温后在 530 nm 波长下测试吸光度。酶活力即标准测试下，10 min 释放 1 μmol 葡萄糖所需的酶量。

五、实验结果分析

不同微生物在羧甲基刚果红培养基上形成的水解圈大小差异很大，纤维素酶活力测定结果与水解圈大小不完全一致。

六、实验报告

记录纤维素分解菌株在羧甲基纤维素刚果红固体培养基上的水解圈大小并计算其纤维素酶活力。

七、思考题

结合实验结果，分析纤维素降解菌纤维素酶活力测定结果与水解圈大小不完全一致的原因。

实验 52　植物内生细菌的分离实验

一、实验目的

① 掌握植物内生细菌的分离实验原理。

② 掌握植物内生细菌的组织分离法。

二、实验原理

植物内生微生物数量巨大，种类繁多，在低等和高等植物体内广泛分布着不同的内生微生物。现已从上千种植物中分离到内生微生物，并证实它们与植物生长关系密切。各种植物分离到的内生菌数量不等，有的植物能分离到几种内生菌，有的则多达上百种，通常以植物的根部、叶鞘、种子内生菌较多，显示了植物内生菌的多样性、不同部位和组织优势菌株的差异性与专属性。许多研究已证明，健康植物存在大量内生细菌，它们是植物病害生物防治和促进植物生长的潜在资源菌。内生细菌存在于植物组织内部，植物组织需要先表面消毒，再经过打碎研磨，才能使细菌的菌体从植物组织内部释放出来。若要判断分离到的细菌是否为植物的内生细菌，还需标记后再回接到植物体内，通过定位检测，才能充分证实获得的是植物内生细菌。

三、实验材料与器具

1. 实验材料

植物材料：从田间采集的新鲜植物或者培养的盆栽植物。

培养基：LB 培养基（胰蛋白胨 1%，NaCl 0.5%，酵母粉 1%，pH 7.2）。

2. 实验器具

解剖刀，灭菌匀浆器或研钵，培养皿，试管，恒温培养箱，超净工作台等。

四、实验方法

① 将采集的植物根、茎、叶、果实分别用自来水冲洗干净，晒干后各材料各取5 g（果实取 15 g）。

② 每份样品用 75%乙醇表面消毒后，再在 0.1%升汞中消毒 1.5~3.0 min，灭菌水漂洗 3 次后，放入装有 10 mL 无菌水的灭菌研钵或者匀浆器中，用剪刀剪碎后加入无菌水研磨，并静置 15 min。

③ 取 50 μL 悬浮液涂于 LB 培养基上，重复 3 次，并用最后 1 次的洗液为对照，28℃培养 48~72 h。

④ 根据长出来菌落形态、颜色、大小等挑取形态完整、差异明显的单菌落，在固体平板上划线纯化培养。

⑤ 纯化后的单菌落按60%甘油：单菌落菌液＝1：1的比例吸入1.5 mL离心管中，做好标记，于-20℃保存。

⑥ 另外设置2组对照，其一为每个平板放3小块经消毒处理不研磨样品，其二为最后一次洗液同等条件下涂板培养。

五、实验结果分析

以最后一次的洗液和3小块经消毒处理但不研磨的样品作为对照的平板上未有微生物长出，这样在其他平板上长出的菌体即为植物内生细菌，挑取形态不同的菌落于新的LB平板纯化保存。

六、实验报告

记录从植物材料不同组织部位分离到的植物内生细菌的数量，并对菌株做概要的菌落形态描述。

七、思考题

比较从植物哪个组织中分离的内生细菌种类较多并解释其原因。

实验 53　葡萄灰霉病生防菌的筛选及其效价测定

一、实验目的

① 了解植物病原菌拮抗生防菌株筛选实验原理。

② 掌握植物病原真菌拮抗生防菌株筛选方法。

二、实验原理

微生物间的拮抗现象在自然界中普遍存在，在植物病原菌的生长环境中存在拮抗微生物，其在生长过程中可以产生抑菌代谢物质抑制植物病原菌的生长发育。

三、实验材料与器具

1. 实验材料

马铃薯，蔗糖，酵母提取物，蛋白胨，NaCl 等。

供试菌种：灰葡萄孢霉。

2. 实验器具

试管，定性滤纸，三角瓶，量筒，移液管，烧杯，玻璃棒，pH 试纸，天平，称量纸，药匙，高压灭菌锅，培养箱，超净工作台等。

四、实验方法

（一）培养基配方

1. 马铃薯蔗糖培养基（PDA）

马铃薯	200 g
蔗糖	20 g
琼脂	18 g
蒸馏水	补充溶液体积至 1000 mL

2. 牛肉膏蛋白胨培养基

蛋白胨	10 g
牛肉膏	3 g
NaCl	5 g
琼脂	18 g
蒸馏水	补充溶液体积至 1000 mL

（二）实验操作方法

1. 灰葡萄孢霉培养

挑取灰葡萄孢霉菌接至马铃薯固体培养基平板上，25℃ 恒温箱中培养 3~4 d，待长出菌落后用无菌打孔器在菌落边缘打菌碟接种到新的马铃薯固体培养基平板中央，继续培养，待菌丝刚刚长至平板边缘后取出备用。

2. 待测菌株菌液制备

挑取待测菌株菌落接种到装有 5 mL 牛肉膏蛋白胨液体培养基中，28℃，180 r/min，振荡培养 36 h。

3. 灰葡萄孢霉菌平板抑菌对峙实验

将在 25℃ 培养箱中活化的灰葡萄孢霉菌的边缘用无菌打孔器打取直径为 0.7 cm 的菌碟，接种在新的马铃薯固体培养基平板中央，放入 25℃ 培养箱中培养 24 h 后，在距离平板中心 2.5 cm 处，呈“十字形”分布的四个点分别放置四个直径 0.6 cm 灭菌滤纸片。吸取 2.5 μL 牛肉膏蛋白胨液体培养基于一个滤纸片上作为对照，再分别吸取 2.5 μL 待测菌株菌悬液滴加于剩下的滤纸片上，并做好标记。正置培养 3 h 待滤纸片上菌液完全吸收后倒置继续培养，48 h 后取出观察并测量记录抑菌结果，计算抑菌率。

$$\text{菌丝生长抑制率（\%）}=\frac{\text{对照菌落生长直径（mm）}-\text{处理菌落生长直径（mm）}}{\text{对照菌落生长直径（mm）}}\times 100\%$$

4. 葡萄灰霉病生防效价实验

将葡萄连带果柄剪下并清洗干净晾干，使用体积分数为 2% 的次氯酸钠溶液浸泡 2 min，再用无菌水冲洗晾干，随机分组，每组 30 个果粒。其中五组喷洒待测菌菌液，以喷洒无菌水为对照。24 h 后使用无菌接种针刺伤果皮，用无菌滤纸吸干溢出的果汁，接种直径 5 mm 的灰葡萄孢菌种，放入 25℃ ，湿度 90% 人工气候箱黑暗培养。

7 d 后调查各处理组葡萄果实发病情况，并按照下面的标准进行分级记录。

0 级：没有发病。

1 级：发病的面积占果实总面积的 5%以下。

3 级：发病的面积占果实总面积的 5%~15%。

5 级：发病的面积占果实总面积的 16%~30%。

7 级：发病的面积占果实总面积的 31%~50%。

9 级：发病的面积占果实总面积的 50%以上。

$$\text{病情指数}=\frac{\sum(\text{各级病果粒}\times\text{相对级数值})}{\text{调查总果粒数}}\times 100$$

$$\text{相对防效(\%)}=\frac{\text{对照病情指数}-\text{处理病情指数}}{\text{对照病情指数}}\times 100\%$$

五、实验结果分析

具有生防潜力的菌株能够抑制灰葡萄孢霉菌菌丝生长，相比于对照处理，生防菌处理后的葡萄灰霉病病情指数低，对葡萄灰霉病防治效果好。

六、实验报告

调查统计灰葡萄孢霉菌平板抑菌对峙实验和葡萄灰霉病生防效价实验的实验结果，综合评价待测菌株的生防能力。

七、思考题

对葡萄灰霉菌菌丝生长有抑制作用的菌株，是不是一定具有较好的生防能力？

实验 54　高产蛋白酶菌株的筛选

一、实验目的

① 了解蛋白酶产生菌分离的原理。

② 掌握蛋白酶产生菌的分离纯化方法。

二、实验原理

蛋白酶是催化分解蛋白质肽键的一类酶的总称，它可将蛋白质分解为蛋白胨、多肽及氨基酸，蛋白酶在饲料、医药、食品等工业中得到了广泛应用。蛋白酶种类丰富，按其来源可分为植物蛋白酶、动物蛋白酶和微生物蛋白酶，按蛋白酶最适宜的作用 pH 又可分为酸性蛋白酶、中性蛋白酶和碱性蛋白酶，按其活性中心的功能基团又可分为丝氨酸蛋白酶、天冬氨酸蛋白酶、半胱氨酸蛋白酶和金属蛋白酶。微生物易于培养和遗传操作，产生的胞外蛋白酶易于分离纯化，具有广阔的应用前景。

蛋白酶产生菌在含蛋白的固体培养基上生长时，会利用水解培养基中的蛋白质，在菌落周围形成水解圈，可根据蛋白水解圈的有无和大小来初步筛选产生蛋白酶的菌株。

三、实验材料与器具

1. 实验材料

马铃薯，蔗糖，琼脂，脱脂奶粉等。

2. 实验器具

培养皿，试管，量筒，三角瓶，移液管，烧杯或搪瓷缸，纱布，玻璃棒，pH 试纸，电炉，天平，称量纸，药匙，涂布棒，标签纸，剪刀，高压灭菌锅，培养箱等。

四、实验步骤

常见培养基配方

1. 菌悬液制备

称取 10 g 样品于 250 mL 三角瓶中，加入 90 mL 无菌水和适量玻璃珠，振荡 15 min，充分混匀，在超净工作台内用无菌移液管吸取 1 mL 菌悬液，加入装有 9 mL 无菌水的试管中充分混匀，配制成 10^{-2}稀释倍数的菌悬液，采用同样操作，分别配制 10^{-4}、10^{-5}、10^{-6}的不同稀释倍数的菌悬液备用。

2. 制备筛选平板

将配制好并经灭菌处理的筛选培养基和 PDA 培养基加热熔化。超净工作台内的无菌条件下先在培养皿上倒入 15 mL PDA 培养基，凝固后作为筛选培养基的下层，上层再倒入 10 mL 筛选培养基（脱脂奶粉 1.5%，琼脂 1.0%，pH 6.0）。

3. 菌液涂布

用无菌移液管分别在四个稀释倍数的菌悬液中各吸取 0.1 mL 滴加到筛选平板上，用无菌涂布棒涂布均匀，静置 30 min，使菌液完全吸附在筛选培养基上，每个浓度三次重复。

4. 蛋白酶产生菌的分离

将筛选培养基平板倒置于 28℃ 恒温培养箱中培养 2~3 d 后，调查筛选培养基上蛋白水解圈的有无和大小，挑取有水解圈的菌落接种到 PDA 培养基上进行纯化并做编号。

五、实验结果分析

将调查统计结果填入表 54-1 中。

表 54-1　蛋白酶产生菌记录表

指标	菌株编号			
	菌株 1 号	菌株 2 号	菌株 3 号	……
菌落直径/mm				
水解圈直径/mm				
水解圈直径/菌落直径				

六、思考题

水解圈法筛选产蛋白酶菌株的原理是什么？

参考文献

［1］周德庆. 微生物学实验教程［M］. 2 版. 北京：高等教育出版社，2006.

［2］辛明秀，黄秀梨. 微生物学实验指导［M］. 3 版. 北京：高等教育出版社，2020.

［3］吴红萍，王陈仪，宋晶霞，等. 微生物学实验教学：细菌的革兰氏染色经典法和三步法的比较与分析［J］. 高校实验室工作研究，2017（3）：56-59.

［4］郑冬超，王甜，李媛媛，等. 细菌芽孢染色法的改良探索［J］. 实验科学与技术，2014，12（5）：23-25.

［5］中国科学院微生物研究所细菌分类组. 一般细菌常用鉴定方法［M］. 北京：科学出版社，1978.

［6］黄文芳，张松. 微生物学实验指导［M］. 广州：暨南大学出版社，2003.

［7］沈萍，范秀容，李广武. 微生物学实验［M］. 北京：高等教育出版社，2005.

［8］李钟庆. 微生物菌种保藏技术［M］. 北京：科学出版社，1989.

［9］秦翠丽. 新编微生物学实验技术［M］. 北京：化学工业出版社，2023.

［10］樊明涛，赵春燕，朱丽霞，等. 食品微生物学实验［M］. 北京：科学出版社，2017.

［11］杨革. 微生物学实验教程［M］. 3 版. 北京：科学出版社，2020.

［12］叶磊，杨雪敏. 微生物检测技术［M］. 北京：化学工业出版社，2011.

［13］J P 哈雷. 图解微生物实验指南［M］. 谢建平，译. 北京：科学出版社，2019.

［14］关国华. 微生物生理学实验教程［M］. 北京：科学出版社，2015.

［15］谢晖. 微生物学实验教程［M］. 西安：西安交通大学出版社，2019.

［16］杨金水. 资源与环境微生物学实验教程［M］. 北京：科学出版社，2014.

［17］陈宜涛. 发酵工程实验［M］. 杭州：浙江大学出版社，2018.

［18］姜伟，曹云鹤. 发酵工程实验教程［M］. 北京：科学出版社，2014.

［19］倪楠. 纳豆产品工艺优化与不良风味研究［D］. 江苏：南京农业大学，2019.

［20］周群英，王士芬. 环境工程微生物学［M］. 4 版. 北京：高等教育出版社，2018.

［21］中华人民共和国国家质量监督检验检疫总局. GB 15979—2002 一次性使用卫生用品卫生标准［S］. 北京：中国标准出版社，2002.

［22］中华人民共和国国家卫生健康委员会，国家市场监督管理总局. GB 4789. 2—2022 食品卫生微生物检验　菌落总数测定［S］. 北京：中国标准出版社，2022.

［23］中华人民共和国国家卫生和计划生育委员会，国家食品药品监督管理总局. GB 4789. 15—2016 食品卫生微生物检验　霉菌和酵母计数［S］. 北京：中国标准出版社，2016.

［24］中华人民共和国国家卫生和计划生育委员会，国家食品药品监督管理总局. GB 4789. 4—2016 食品卫生微生物检验　沙门氏菌检测［S］. 北京：中国标准出版社，2016.

[25] 中华人民共和国国家卫生和计划生育委员会，国家食品药品监督管理总局. GB 4789.10—2016 食品卫生微生物检验　金黄色葡萄球菌的检测 [S]. 北京：中国标准出版社，2016.
[26] 中华人民共和国国家卫生和计划生育委员会. GB 4789.7—2013 食品卫生微生物检验　副溶血性弧菌检验 [S]. 北京：中国标准出版社，2013.
[27] 中华人民共和国国家卫生和计划生育委员会，国家食品药品监督管理总局. GB 4789.3—2016 食品卫生微生物检验　大肠菌群计数 [S]. 北京：中国标准出版社，2016.
[28] 中华人民共和国卫生部，中国国家标准化管理委员会. GB 4789.27—2008 食品卫生微生物检验　鲜乳中抗生素残留检验 [S]. 北京：中国标准出版社，2008.
[29] 蒋原. 食源性病原微生物检测技术图谱 [M]. 北京：科学出版社，2019.
[30] 刘国生. 微生物学实验技术 [M]. 北京：科学出版社，2007.
[31] 郑平. 环境微生物学实验指导 [M]. 杭州：浙江大学出版社，2005.
[32] 温洪宇，李萌，王秀颖，等. 环境微生物学实验教程 [M]. 徐州：中国矿业大学出版社，2017.
[33] 徐德强，王英明，周德庆. 微生物学实验教程 [M]. 4 版. 北京：高等教育出版社，2019.
[34] 中华人民共和国国家卫生和计划生育委员会. GB 15193.4—2014 食品安全国家标准　细菌回复突变试验 [S]. 北京：中国标准出版社，2014.
[35] 边才苗，汪美贞，付永前，等. 环境工程微生物学实验 [M]. 杭州：浙江大学出版社，2019.
[36] 王秀菊，王立国. 环境工程微生物学实验 [M]. 青岛：中国海洋大学出版社，2019.
[37] 徐爱玲. 环境工程微生物实验技术 [M]. 北京：中国电力出版社，2017.
[38] 王英明，徐德强. 环境微生物学实验教程 [M]. 北京：高等教育出版社，2019.
[39] 龙建友，阎佳. 环境工程微生物实验教程 [M]. 北京：北京理工大学出版社，2019.
[40] 环境保护部. HJ 505—2009 水质五日生化需氧量（BOD5）的测定稀释与接种法 [S]. 北京：中国标准出版社，2009.
[41] 国家环境保护局. GB 7489—1987 水质溶解氧的测定-碘量法 [S]. 北京：中国标准出版社，1987.
[42] 陈兴都，刘永军. 环境微生物学实验技术 [M]. 北京：中国建筑工业出版社，2017.
[43] 杜东晓，赵龙妹，贾少轩，等. 产淀粉酶菌株的筛选鉴定及酶学特性研究 [J]. 试验研究，2021（9）：80-84.
[44] 楼超，刘铁帅，贾博深，等. 高产淀粉酶菌株的筛选及产酶条件优化的探究 [J]. 中国卫生检验杂志，2021，20（11）：2817-2820.
[45] 桑筱筱，操燕明，杨艾玲，等. 高产淀粉酶菌株诱变筛选及其发酵工艺的研究 [J]. 2018，4（6）：14-22.
[46] 闫淑珍. 微生物学拓展性实验的技术与方法 [M]. 北京：高等教育出版社，2012.
[47] 李兴华. 纤维素酶产生菌的筛选及纤维素酶基因在家蚕中的表达研究 [J]. 杭州：

浙江大学动物科学学院，2011.
[48] 王光琴. 高效纤维素分解菌的筛选及其对还田秸秆的降解效果研究 [D]. 贵阳：贵州大学烟草学院，2021.
[49] 刘俊宇，郑琳. 一种水生植物内生菌的分离筛选及其溶藻效果初探 [J]. 农业与技术，2014，34 (7)：6-8.
[50] 王志勇，刘秀娟. 植物内生菌分离方法的研究现状 [J]. 贵州农业科学，2014，42 (1)：152-155.
[51] 付莉媛，蔡瑞杰，冯志敏，等. 葡萄灰霉病生防芽胞杆菌的筛选与防效评价 [J]. 中国生物防治学报，2022，38 (2)：440-446.
[52] 赵海霞，孟庆月，李涛. 红提葡萄灰霉病 8 株不同生防菌的筛选及鉴定 [J]. 现代园艺，2019 (4)：4-5.
[53] 罗琳，王其慧，赵海霞，等. 葡萄灰霉病生防菌株的筛选及其拮抗机理初探 [J]. 中国酿造，2017，36 (4)：93-98.
[54] 卢超，陈景鲜，王国霞，等. 一株高产中性蛋白酶菌株的筛选与诱变 [J]. 中国饲料，2022 (11)：30-35.
[55] 王梦超，郑宏臣，赵兴亚，等. 实验室芽孢杆菌菌种库中高产蛋白酶、糖基转移酶菌株的测定与筛选 [J]. 中国酿造，2020，39 (12)：81-85.
[56] 耿芳，杨绍青，闫巧娟，等. 土壤中高产蛋白酶菌株的筛选鉴定及发酵条件优化 [J]. 中国酿造，2018，37 (4)：66-71.
[57] 王伟，王世英，李佳，等. 高产蛋白酶菌株的分离筛选及鉴定 [J]. 广东农业科学，2014，41 (7)：146-148.
[58] 陈剑山，郑服丛. ITS 序列分析在真菌分类鉴定中的应用 [J]. 安徽农业科学，2007，35 (13)：3.
[59] 樊龙江，叶楚玉. 生物信息学实验指导 [M]. 北京：科学出版社，2022：19-27.
[60] 冯敏，吴红艳，王志学，等. 用于分析土壤微生物结构变化规律的变性梯度凝胶电泳条件研究 [J]. 微生物学杂志，2018，38 (5)：73-77.
[61] 宫强，关道明，王耀兵，等. 大肠杆菌总 DNA 快速提取方法的比较研究 [J]. 海洋环境科学，2005 (4)：63-66.
[62] 国家标准化管理委员会. GB/T 38505—2020 转基因产品通用检测方法 [S]. 北京：中国标准出版社，2020.
[63] 环境保护部. 中国转基因生物安全性研究与风险管理 [M]. 北京：中国环境科学出版社，2008.
[64] 李秋玲，吴智艳，乔洁，等. 基于 ITS 序列对野生大型真菌进行分子鉴定及系统地位研究 [J]. 廊坊师范学院学报：自然科学版，2017，17 (4)：5.
[65] 凌金锋. 荔枝病果相关的四属菌物鉴定及分子系统发育分析 [D]. 广州：华南农业大学，2019.
[66] 刘小勇，田素忠，秦国夫，等. 提取植物和微生物 DNA 的 SDS-CTAB 改进法 [J]. 北京林业大学学报，1997 (3)：101-104.

[67] 刘晓侠，林建平，岑沛霖. 微生物基因组 DNA 提取方法的比较与改进［J］. 嘉兴学院学报，2007（3）：48-50.

[68] 陆玲鸿，韩强，李林，等. 以草甘膦为筛选标记的大豆转基因体系的建立及抗除草剂转基因大豆的培育［J］. 中国科学：生命科学，2014，44（4）：10.

[69] 吕山花，常汝镇，陶波，等. 抗草甘膦转基因大豆 PCR 检测方法的建立与应用［J］. 中国农业科学，2003，36（8）：5.

[70] 吕晓波，李宁，李铁，等. 抗草甘膦转基因大豆（RRS）在黑土生态系统种植的安全性研究［J］. 大豆科学，2009，28（2）：6.

[71] 庞建，刘占英，郝敏，等. 革兰氏阳性细菌基因组 DNA 提取方法的比较及优化［J］. 微生物学通报，2015，42（12）：2482-2486.

[72] 宋扬，吴存祥，侯文胜，等. 对引进的美国大豆品种进行转基因成分的检测［J］. 大豆科学，2005，24（2）：5.

[73] 陶新，徐子伟，邓波，等. 少量动物粪便细菌总 DNA 提取方法的研究［J］. 中国畜牧杂志，2009，45（23）：68-70.

[74] 韦焕深，袁志林. 树木共生真菌菌株纯化及快速鉴定方法［J］. Bio-Protocol，2021：2003661.

[75] 文庭池，张艳，龙凤瑶. 一种鉴别虫草属真菌的候选 DNA 条形码、引物及方法：中国，CN113151538A［P］. 2021-07-23.

[76] 温祝桂. 中国黄杉（*Pseudotsuga sinensis*）菌根真菌群落结构研究及其特异性共生菌株的鉴定［D］. 南京农业大学，2014.

[77] 杨小朵，蓝秋菊，韦冠宇，等. 基于 rDNA-ITS 序列对黑枸杞内生真菌分类鉴定［J］. 生物化工，2020，6（1）：4.

[78] 云飞，梁林，鲍彦彬，等. 革兰氏阳性与阴性细菌基因组 DNA 提取方法的优化［J］. 安徽农业科学，2021，49（10）：98-100.

[79] 张静. 湖北省灰霉病病菌区系和灰葡萄孢菌多样性研究［D］. 武汉：华中农业大学，2010.

[80] 张婧，刘广娜，左蔚琳. 土壤微生物基因组 DNA 不同提取方法的比较及 PCR 扩增体系的建立［J］. 吉林农业，2018，（16）：55-56.

[81] 张颖. 变性梯度凝胶电泳分离 DNA 片段及在土壤微生物组成分析中的应用［D］. 沈阳：东北大学，2022.

[82] 邵劲松，浦牧野，顾祝军. 3 种土壤微生物基因组 DNA 提取方法的比较［J］. 南京晓庄学院学报，2013，29（3）：64-67.

[83] 中华人民共和国国家质量监督检验检疫总局，中国国家标准化管理委员会. GB/T 6682—2008 分析实验室用水规格和试验方法［S］. 北京：中国标准出版社，2008.

[84] 张金霞，蔡为明，黄晨阳. 中国食用菌栽培学［M］. 北京：中国农业出版社，2020.

[85] 边银丙. 食用菌栽培学［M］. 北京：高等教育出版社，2017.

[86] 李长田，李玉. 食用菌工厂化栽培学［M］. 北京：科学出版社，2021.

[87] 中华人民共和国国家质量监督检验检疫总局，中国国家标准化管理委员会. GB/T

21125—2007 食用菌品种选育技术规范［S］. 北京：中国标准出版社，2007.

［88］中华人民共和国，国家卫生和计划生育委员会. GB 7096—2014 食品安全国家标准［S］. 北京：中国标准出版社，2014.

［89］Babujia L C, Silva A P, Nakatani A S. et al. Impact of long-term cropping of glyphosate-resistant transgenic soybean [*Glycine max* (L.) Merr.] on soil microbiome [J]. Transgenic Res, 2016, 25: 425-440.

［90］F M Ausubel. 精编分子生物学实验指南［M］. 金由辛，包慧中，赵丽云，等译. 北京：人民卫生出版社，1997.

［91］Fischer S G, Lerman L S. DNA fragments differing by single base-pairsubstitutions are separated in denaturing gradient gels: correspondence with melting theory [J]. Pro Natl Acad Sci U S A, 1983, 80 (6): 1579-1583.

［92］Lerman L S, Fischer S G, Hurley I, et al. Sequence-determined DNA separations [J]. Annu Rev Biophys Bioeng, 1984, 13: 399- 423.

［93］Marshall A. GM soybeans and health safety—a controversy reexamined [J]. Nat Biotechnol, 2007, 25: 981-987.

［94］Myers R M, Fischer S G, Lerman L S, et al. Nearly all single base substitutions in DNA fragments joined to a GC-clamp can be detected by denaturing gradient gel electrophoresis [J]. Nucleic Acids Res. 1985, 13 (9): 3131-3145.

［95］Myers R M, Fischer S G, Maniatis T, et al. Modification of the melting properties of duplex DNA by attachment of a GC-rich DNA sequence as determined by denaturing gradient gel electrophoresis [J]. Nucleic Acids Res, 1985, 13 (9): 3111-3129.

［96］Muyzer G, de Waal E C, Uitterlinden A G. Profiling of complex microbial populations by denaturing gradient gel electrophoresis analysis of polymerase chain reaction-amplified genes coding for 16S rRNA [J]. Appl Environ Microbiol, 1993, 59 (3): 695-700.

附录

附录一　实验室意外事故的处理

附录一

附录二　实验常用培养基及制备

附录二

附录三　常用染色液及试剂的配制

附录三

附录四　主要菌种保藏机构

附录四